坤道

曾仕强
刘君政 / 著

曾仕强教做出色的中国女人

陕西师范大学出版总社

图书代号：SK12N0537

图书在版编目（CIP）数据

坤道：曾仕强教做出色的中国女人 / 曾仕强，刘君政著. — 西安：陕西师范大学出版总社有限公司，2012.9（2016.9重印）
ISBN 978-7-5613-6327-0

Ⅰ.①坤… Ⅱ.①曾… ②刘… Ⅲ.①女性 — 成功心理 — 通俗读物 Ⅳ.①B848.4 - 49

中国版本图书馆CIP数据核字（2012）第134207号

坤道：曾仕强教做出色的中国女人

曾仕强　刘君政　著

责任编辑 / 姚蓓蕾
责任校对 / 李凤菲
封面设计 / 后声文化
出版发行 / 陕西师范大学出版总社有限公司
（西安市长安南路199号 邮编 710062）
网　　址 / http://www.snupg.com
经　　销 / 新华书店
印　　制 / 北京温林源印刷有限公司
开　　本 / 787mm×1092mm　1/16
印　　张 / 18.75
字　　数 / 218千
版　　次 / 2012年9月第1版
印　　次 / 2016年9月第4次印刷
书　　号 / ISBN 978-7-5613-6327-0
定　　价 / 45.00元

曾仕强夫妇金婚纪念照

序

全世界的男人，都是女人怀胎十月，才生下来的。女人具有这样的特性，应该没有人怀疑，也不能加以否认。这是男女有别，和平等与否，毫无关系。

如果有人说：男人可以站着小便，女人似乎很不容易做到。于是，女人勉强自己，也站着小便，以示男女平等，是不是太没有价值，甚至于还有些可笑？

无论男女，只要有一方严格实践‘“三不”策略，也就是不婚、不生、不育，人类很快就会灭绝。可见男女在人类生生不息方面的贡献，是彼此平等，不分高低的。

然而，平心而论，人类的文明，大部分是男人为了讨女人欢心、满足女人的需求，才日以继夜，辛苦努力，开发出来的。倘若女人不享受生活，男人也用不着那样像牛马似的操劳。

原始人类社会，应该是只知有母，不知有父的母系结构。女人的负担极为繁重，既要讨生活，还要教养子女。男人并没有什么责任，乐得偷懒玩耍。

为了提高男人的责任，减轻女人的辛劳。明智之士，才鼓吹男主外、女主内，逐渐形成父系社会。原先的目的不过为了挽救男人——这一半的人类，使他们增加对人类社会的贡献度。后来却由于西方社会女性争取与男性平等，被扭曲为男性欺侮弱者（我们曾经翻译过“女人，你的名字是弱者”，这样可笑的字句，而且引为时尚，奉为先进），这真是人类的不幸。

有争的欲望，提出争的口号，那才是不平等的地方。中国自古以来，妇女的地位极高。家庭中真正的主人，不是婆婆，就是媳妇，哪里有男主人的份？这种真相，巧妙地被有智慧的女人，长期隐而不显、藏而不露。搞得那些喜欢卖弄文墨的人，写出一大堆博人同情、令人心酸，却实在不够深人的重男轻女的惨剧。难怪老子早就感叹：名可名，非常名。可惜很多人仍是听不明白。

伟大的母亲，听起来十分温馨可亲。伟大的父亲，使我们逃之唯恐不及，太严厉了，也太可怕了。严父慈母，也是古圣先贤的明智设计。对父亲而言，牺牲实在太大，却由于人言可畏，不得不如此！生为男人而表现出软弱，有娘娘腔，甚至像女人的样子，还有什么可值得尊敬的？

现代人被多元文化迷惑了，认为见仁见智，各有主张，才是正常的现象。于是，家庭主夫、女强人、同性恋、不男不女，这些原来就存在的非主流，也就是偏道文化，也堂而皇之地合法化、公开化，使越来越多的年轻人不知如何选择、判断。世故的人，睁一只眼闭一只眼，不明就里的人不敢表明立场，以免被视为卫道人士而遭受打击。

实际上，中华文化的总源头在《易经》，以易理为标准来调整乾道和坤道，应该是男女两性分工合作、密切配合，而又和谐共生的合理途径。现代乾道不振，坤道错乱，必须各自反省，加以调整。

这一本《坤道》是居于不让现代女性过分辛苦劳累，才提出的建议。如蒙惠予采纳，并稍加改变，应该是家庭幸福，家和万事成，子女顺利成长的有效保证。

尚恳各界先进，不吝赐教，至为感祷！

曾仕强

前言　乾坤之道

《易经·系辞》中说："乾道成男，坤道成女。"乾代表男人，丈夫；坤代表女人，妻子。男人和女人或者说丈夫和妻子，各有不同的价值和使命，所以就会有乾道和坤道的分别。过去女性接受教育的机会比男性少，看起来造成了男女两性的一些不平等。再加上女性谋生的能力不如男性，出去就职的可能性很低，方方面面的因素似乎使得夫妇的定位存在很多不合理的地方。就连《易经》所说的"天尊地卑"，也长久以来被曲解为男尊女卑。

很多人认为中国是父权社会，这是非常错误的看法。我观察几十年，走遍全世界，得出一个结论：中国女性的地位最高，全世界最重视女权的就是中国人。想想看，我们母亲节过得很隆重，而父亲节都是马马虎虎；我们说黄河是中华民族的母亲，从来没有说是中华民族的父亲；我们永远认为母亲最重大，永远怀念母爱……所以从表面上看，中国重男轻女，但是实质上却并非如此。因为我们是阴阳文化，有阴有阳，看得见的部分好像是男的在做主，看不见的部分却都是女的在做主，我们后面慢慢跟大家分析。

现在社会知识普及，男女接受教育的机会相同，都可以从事各种社会职业，共同为人类造福，所以男女平等应该成为当今社会的共识。但是，男女平等指的是男女的地位平等，机会均等，不能以性别区分男性优先或者女性优先。提倡男女平等，并不能漠视男女之间的差别。男人和女人之间，天生有不一样的地方，这是谁都无法否认，而且不能改变的事实。所以正确的态度，应该是男女同权不同质——权利可以相同，但是性质永远是不一样的。好比天地，同等受到人类的敬爱和尊重，但是功能不一样。

男人跟女人天生不一样，首先来自于生理上的区别。很多科学研究证明，男性的数理能力比较高，比较擅长抽象的概念、哲学的认知，这是天生要他们去搞这些事情的。女性比较重视实际生活的需要，在艺术、烹饪、音乐等方面也是男性赶不上的。

男性的大脑结构跟抽屉一样，是一格一格的。听到什么资讯，会把不同的内容放到不同的格子里面。要讲什么事情的时候，再把格子里的东西拿出来讲，所以通常条理性比较强。女性大脑像仓库，是一个通畅的大空间，所有的内容混作一团，统统都放在里面。所以女性讲话往往没有条理，想到什么就讲什么，经常偏离主题，而且自己还不知道。

男人的大脑像抽屉，是一格一格的。
女人的大脑像仓库，是一个大空间。

在家里看电视，男人拿着摇控器一直按来按去，因为男人关注结果，就想知道男主角最后有没有被杀死，过程懒得管。女人就算是知道结果了，也要再看一遍到底是什么样的过程，导致了这样的结果。

我跟很多先生讲：“太太的话要常常听，但是太太的话也不要听。”因为男人五官的感觉比女人正确，可女人的直觉要比男性灵敏，那种说不出来的第六感比男人要高明得多。所以凡是资讯很清楚、数据很正确的事情，先生最好不要听太太的话，因为这方面女性不如男性；凡是那种资讯搞不清楚、数据模模糊糊的，那先生多听太太的话准没有错。

我也经常劝很多先生，跟太太在一起时，不要去计较“怎么这么没有条理”，把太太的话当做是音乐一样，不就没事了？女人有话就会说，男人大概不会什么都说出来。当一个先生不讲话的时候，太太少讲两句就没事了。“你为什么不说话，你是不是生气了”，先生本来没有事情，最后也被太太搞得生气了。夫妻常常吵架，往往因为缺乏性别差异的观念，而不是企图去改变对方。

老天爷让男人体能强、骨骼壮，就是要男人多做事情。你就让他做好了，干吗要跟他抢？以前的女人很聪明，都说“哎呀，我个子矮够不着”，然后先生就去擦天花板；“这个东西太重，我扛不起来”，先生乖乖地扛起来就走。这多聪明。想想看，为什么女性会活得比男性长？因为女性把责任加在男性身上，让他们到社会上去打拼，女人寿命自然就会长。现在不是了，女性要抢：男人有高血压是不是？我也要!男人有心脏病是不是？我也要!——争这种男女平等干吗呢？抢到最后什么病都有了，很划不来的。

不要盲目地跟男人去争，也没有什么好争的。其实男人一辈子都争不过女人的，想想看，男人都是女人抱大的，没有女人抱，男人就算有天大的本领也活不下来。女人凭这一点就够了，还有什么好争的呢？男人在那里大声吆喝如何如何，女人一句："你是怎么长大的，是女人把你抱大的，你知道吗？"他就完了，还需要讲其他的吗？

天底下男性能做的事情，女性统统可以做。但是女性有一件事情，男性绝对做不了，那就是生小孩。你说男人很伟大，今天哪个男性有通天的本领，生个小孩来看看？所以要使人类毁灭，男性做不到，而对女性来说就很简单。哪天女性同胞统统不生小孩，人类就毁灭了，也不要什么核子弹，也不用怕环境污染。像台湾现在人口逐年减少，如果一直少少少，少到最后就没有人

了，人类有天大的本事又有什么用？

美国有一次做了一个大规模的催眠试验，催眠以后专家就开始问被催眠的人："你是第一次做人吗？"大部分都说不是第一次做人，已经做过好几次了。"如果你做过好几次人，那这次来你原本是想做男的还是做女的？"回答出乎很多人的预料，大部分人说想要做女的，只有很少的人要做男的。专家简直不能接受这样的答案："你为什么想做女人，而不想做男人呢？""如果做男人，要么靠爸爸，要么靠自己，除此以外没有谁可以靠了；如果做女人，第一可以靠爸爸，第二可以靠丈夫，如果两个都靠不住，还可以靠儿子，有三个人可以依靠，为什么不做女人呢？"

我常常跟男性同胞讲，做男人是比较不光彩的。因为人家当女人是第一志愿就被录取了，你当男人是名额满了，第二志愿才被录取的，是不得不生做男人的。我们没有要捧女性的意思，也没有要贬低男性，只是讲出这种事实，让大家好好去想想其中的道理。

男人和女人，一生当中都有五个关卡。因为在生理结构上不一样，在精神心理方面也不相同，所以男人的"五关"和女人的"五关"也有所差异。

女人所要面临的第一个关卡，是"情关"。想想看，情窦初开的都是女性，男性那时候还处在糊里糊涂的阶段。这样我们才知道，对于女儿的感情要趁早开导，而不是让她自行摸索。闯过了情关，第二关是婆关。十个媳妇八个跟婆婆处不好，这一关很难过。婆关过不了，家庭很难和谐幸福。好不容易婆关过了，产关又来了。女人生孩子这一关，不管今天的医疗技术怎么发达，总归是很危难的。过了产关，还有一关，叫做异性关。所谓异性关就是先生可能会有外遇，而太太也可能看上别的人。因为这个时候婆婆那一关已经过了，子女也稍微长大些了，夫妻的想法就开始不一样了。

最后还有一关，是女人很不好受的一关，叫做守寡关。中国人有一句话叫“有福之人夫前死”，就是说能够死在丈夫前面的女人，是最有福气的。但是现在很少了，因为女性的寿命都比男性长。先生去世了太太还活着，又能怎么办呢？难道去跳海吗？

很多女人到了四五十岁，连第一关情关都没有过，那她的价值在哪里呢？情关过了，却始终跟婆婆处不好，婆媳之间真的有那么复杂吗？婆关过了，想生男孩的偏偏生了个女孩，想生女孩的又偏偏生了个男孩，还有想生根本就是生不出来的……碰到异性关就更惨了，因为不管是哪一方有婚变都不是好现象，而最后

女人的一生

一关更不是人力所能控制的。慢慢看女人的一生，就是这么简单的几关而已。

男人要过的五关，跟女人不一样。男人的第一关，是金钱关。以后碰到男人，如果开口钱闭口钱，满脑子都是钱，你就可以判断，他一辈子连第一关都没有过，这样的人非常可怜。当男人有了一点钱之后，就进入第二关，叫做名关。凡是名片拿出来头衔一大堆，正面印不下还要印背面的，都是名关没有过。加上那么多头衔给谁看呢？第三关难度更大了，叫做美人关。男人没有钱、没有名，没有女人找。可是有钱有名的时候，其他女人就慕名而来了。

中国人只说男追女，不提倡女追男，是什么道理？因为男追女隔座山，女追男隔层纱。女人一旦追求男人，男人很难过得了美人关。很多男人只看到眼前，想不到以后：现在觉得三妻四妾很有福气，可是几十年以后，要同时服侍好几个老太婆，会有什么感想？男人如果想到这点就明白了，我知道到了六七十岁有一个老太婆跟着就足够了。

美人关过了，第四关更难过，叫做宗教关。我不信仰任何宗教，但是尊重所有的宗教。很简单，你跟我画十字，我就跟你画十字，你跟我"阿弥托福"，我也跟你"阿弥托福"，你对我怎样，我就回敬你怎样。因为多几个神保佑不是更安全吗？

很多职业的人最后就陷在了宗教关里面。比如很多医生到了老年，整天拿个木鱼"当当当"地敲，因为他不敢想以前的事情。人年轻的时候会想以后的事情，而人老了以后，最大毛病就是喜欢想以前的事情。尤其是内科医生，一到老年，想起以前的事情：糟糕，人家胃本来没有毛病，我却把它割掉了；人家本来不会死的，我把他医到死……越想越不敢想，赶快"当当当"地继续敲木鱼了。还有当律师、当法官的，年纪大了的时候，都是“当当当”。人家明明没有罪，别人给我点钱，我判他三个月，从监狱里出来，太太跑掉了，妈妈也不认他了，搞得他家破人亡。很多人，到最后都是在“当当当”的木鱼声里面打发余生的。

男人的最后一关是最难过的，叫做艺术关。有人花几百万买块石头，把它当成宝贝，白天看，晚上看，就差睡觉的时候搂着一起睡了。你说他神经病，他便跟你天花乱坠地讲个没完没了。有必要吗？这是男人糊涂的地方，从这里也可以得出男女是有区别的。

做人最要紧的是生活，最要紧的是做得有价值。就好像经营公司，做大不如做强，做强不如做久，做久不如做得有价值，是一样的道理。而生活最要紧的是什么？就是要有人情，没有人情的人生活还有什么意思？人情表现在亲情，表现在友情，表现在爱情。人而无情，就跟一般的动物没有太大的区别。要过这种有情的生活，就必须把爱情弄稳固，把友情弄清楚，然后家里充满了亲情。这样一来家庭生活会很快乐，个人的情绪会比较稳定，而且对于我们的事业发展会有很大的帮助。再推广一下，整个社会就会比较安详，国家的富强当然指日可待。

现代女性，受很多不正当观念的影响，迷失了坤道的方向，角色扮演出现了严重的偏差。在这方面，男性的性质比较适合表现，就让男性去表现；在那方面，女性比较适合表现，就让女性去表现，这才是真平等。两面拉齐，那是假平等。因此，我们要及时地扭转过来，确保身为女人这一辈子应有的价值。

目 录
Contents

序言

前言　乾坤之道

姻缘篇

第一章　恋爱之道——恋爱并非轻而易举/3
- 厘清观念再来恋爱/5
- 婚恋合一方为合理/8
- 心有对方才是真爱/10
- 恋爱需要理智指导/12
- 恋爱之中需要守贞/13
- 合理掌握恋爱时机/15
- 姻缘皆是自作自受/17

第二章　择偶之道——家庭个人共同参与/21
- 不求最好但求适合/22
- 门当户对十分必要/24
- 个人家庭共同参与/26

● 多方兼顾各种关系/30
● 多种途径仔细考量/32
● 家庭拜访需重礼仪/35
● 感觉良好及时回请/37
● 坦诚沟通婚后事宜/39

第三章　婚姻之道——婚姻天成勿当儿戏/41
● 传统婚俗值得借鉴/42
● 婚礼传统用意深长/44
● 婚姻天成不容儿戏/46
● 求同存异彼此包容/48
● 分工配合相互成全/51
● 生儿育女意义重大/56
● 唯性婚姻不会持久/59

第四章　相处之道——相互包容以敬养爱/61
● 通过贞操保护自己/62
● 授衔家长套牢男人/66

● 相敬如宾方会持久/70
● 相互规劝乃是责任/73
● 听得进去才是沟通/74
● 夫妻吵架要有效果/78

家庭篇

第五章　同堂之道——传承三代同堂精神/87
● 保持三代同堂精神/89
● 生儿育女以得永生/93
● 福气需要家庭传承/98

第六章　敬老之道——父母永在子女心中/103
● 子女尽孝三个层次/105
● 合理顺从才是真孝/108
● 何谓无不是的父母/109

第七章 婆媳之道——方法得当婆媳易和/115

- 婆媳不和儿子有责/116
- 秉持孝道婆媳易和/118
- 卧室里面才是夫妻/121

第八章 御外之道——用关心关住他的心/123

- 内外兼修展露笑容/125
- 为夫所敬更加高明/128
- 事先防范冷静对待/131
- 应对外遇六个原则/133
- 面对离婚六个要素/138

子女篇

第九章 亲子之道——亲子关系以人为本/147

- 树立德本才末信念/149
- 善尽启发子女责任/153

目录

Contents

● 尊重子女个性目标/157

● 有所爱就该有所限/160

● 以身作则言传身教/163

● 独生子女并不难教/165

● 宠坏子女及时补救/169

● 两难需兼顾与合理/171

第十章 家教之道——家教讲求替教陪让/175

● 替子女做事的原则/178

● 教子女做事的原则/181

● 陪子女做事的原则/185

● 让子女做事的原则/188

● 达成子女教育共识/189

● 约法三章教会选择/194

● 打与不打不是目的/198

第十一章 教养之道——习惯培养至关重要/203

● 奠定子女一生基础/204

● 周岁婴儿教养重点/214

● 三岁以前教养重点/217
● 入园阶段教养重点/222
● 小学阶段教养重点/227
● 初中阶段教养重点/235
● 高中阶段教养重点/239
● 大学阶段教养重点/242

第十二章　教女之道——教养女儿懂得矜持/247
● 教养的关键在妈妈/247
● 男女最好分别教养/249
● 教女更需格外用心/252

结语　重振坤道/263
● 合理把握家庭事业/265
● 凡事看开不要看破/268
● 感情失意合理面对/270
● 理性看待过程结果/273
● 作为女性值得骄傲/277

姻缘篇

第一章 恋爱之道

——恋爱并非轻而易举

姻缘用现代的话来说，就是一个人的爱情与婚姻。我们通常感觉，女性相比较男性，更加重视自己的姻缘。坦白讲，爱情也好，婚姻也好，都不是人百分之百所能够控制的。我们都在为爱情而奋斗，为婚姻而努力，但最后往往被搞得精疲力竭。因为学校里并没有这门课程，家庭里面也很少以此为互动的话题，大多数人都是自己在摸索。

恋爱是爱情开始的第一步，对于女性而言，最起码有三个问题很难把握。

第一个，你要爱什么人？我们都知道要找一个爱人，可是爱什么样的人呢？人那么多，到底爱哪一种呢？婚姻之前的爱情，就像一座巨大的冰山，我们所能看到的，只是露出海面的一角，还有更大的部分藏在海底，根本无法看得清楚，更谈不上完全掌握。但是一旦选错了，却可能把一辈子的幸福都赔进去。

光是一个 “要爱什么人”，就够我们头痛的了，可接下来的问题更麻烦：你到哪里去找呢？虽然你只要一个，但是那么多人当中，你的“那一个”又躲在哪里呢？人海茫茫，不是你不喜欢他，就是他不喜欢你，这是在现实生活中经常碰到的纠葛。

就算知道要爱什么样的人，知道他在哪里了，可是你要爱到什么程度？现在很多人说爱要勇敢地说出来，其实有时候不说，大家还可以维持一种良好的关系。好不容易找到一个觉得不错的男友，一旦爱得太过分，他可能就被吓跑了。那你又能怎么办？

爱情更多的是一种感觉，很难有固定的标准和模式。我们无法用公式来计算，你爱他多少、他爱你几分；也无法用仪器来测量，说什么样是达到标准，什么样是不合格的。其实就算测出来也没用，因为每一个人都有不同的感觉，对爱情的看法自然也不一样。你认为高个子比较好，她却觉得矮个子才可靠；你认为跟口才好的人在一起很有趣，但是偏偏有的就是讨厌讲话滔滔不绝的人。

每一个人对爱情的感觉都不一样，每一个人对爱情的看法各不相同，这其实是老天的高明之处。想想看，如果所有人爱的都是同样的人，为同一个人争来抢去，那岂不是天下大乱了吗？就是因为有人喜欢这样的，有人喜欢那样的，大家彼此各不相同，然后各取所需，社会才会和谐。感觉无法相同，更不应该求同。所以每个人首先要了解自己对爱情的感觉到底是怎样的——各人有各人看中的对象，各人有各人相处的方式，各人有各人觉得很愉快的态度，这样就好了。

【坤道感悟】

每一个人对爱情的感觉都不一样，每一个人对爱情的看法各不相同，这其实是老天的高明之处。

但是，爱情光靠感觉也不行。因为感觉有正向的，也有负向的。我们常说“食色，性也”。好像这两者是人类的本性，人人都会做。但是如果仔细看一看，就会发现并非如此。很多人七老八十连吃饭都不会——筷子不会使，调羹不会拿，夹菜不会夹。餐桌上闹笑话的人多的是。爱情也是这样，好像人人都会，但实际上需要不断学习，而且要“活到老学到老”才对。以前还有兄弟姐妹可以帮忙，今天虽然沟通的工具越来越发达，但是每一个人都只管自己的事情，不太理会别人的问题，更需要自己有正确的爱情观念。

厘清观念再来恋爱

动物有性的本能，但它是纯粹生物性的。人类到了某一个年龄段，也会开始爱慕异性，追求不同性别的另一半。人类需要这种本能，否则根本没有办法生生不息。但与动物不同的是，人类是万物之灵，我们除了生物性，还有文化性，会产生爱情的观念。

爱情是需要学习的，我们最好先搞清楚什么是真正有价值的爱情，采取什么样的态度才会获得有价值的爱情，然后再开始恋爱比较稳妥。如果一切都在懵懵懂懂的状态下就开始恋爱，实在很危险。想想看，没有充足的准备就上战场，当然屡战屡败。

【坤道感悟】如果我们把恋爱看得很简单，把婚姻看得很容易，那么离婚也会跟着简单、容易起来。

如果我们把恋爱看得很简单，把婚姻看得很容易，那么离婚也会跟着简单、容易起来。其实离婚这种事情，讲起来还是西方传进来的，可是我们现在的离婚率快要超过西方了，这不是很可怕吗？很多年轻人不敢谈恋爱，也不敢去想结果，就是因为看到周遭太多这种失败的案例。也有的女性经过了一次两次恋爱的失败，到了第三次就对异性一点信心都没有了。这样又怎么会有美好的爱情与婚姻呢？

现在的年轻人觉得恋爱是恋爱，婚姻是婚姻。所以很多人会说："结婚还早，先找个人谈谈恋爱，享受享受年轻的生活再说。"甚至还有人认为婚姻只是一种形式，是对爱情的一种不信任——我们的爱情是很纯洁的，难道还要怀疑吗？两个人相爱，一定要用一纸文书来证明吗？

这些话听起来好像很时尚，但时尚多半是经不起时间考验的。想想看，为什么"时尚"常常变来变去？因为它刚出来的时候，大家认为很好。但是经过一段时间，就会纰漏百出，所以流行一阵子就不见了。婚姻是一种社会文化，对男女双方都有安全的保障，而不是枷锁和约束。没有经过时间验证的理论，最好不要随便相信。如果听了就相信，听了就去做，听了就尝试，吃亏的一定是自己。

尤其现在是一个资讯爆炸的多元时代，什么话都有人讲，什么理论都有人拿出来，而且听起来都还蛮有道理的。怎么可能没有道理呢？因为人往往都是在讲自己的道理，从他那个部分来听，当然会认为是对的，当然听起来有道理。但是这些道理很可能是局部的、片面的，甚至是歪理。我们所要寻求的应该是整全的道理，是经过时间检验的原则，而不应该是部分的道理或阶段性的时尚。

中国人在姻缘方面有些基本原则，被很多年轻人认为是陈旧和过时的，甚至是错误和害人的，其实并不是这样。中国人最了不起的智慧，就是持经达变。什么叫做经？就是不变的原则。我们常常以古圣先贤的原则作为根本，因为这些原则经过长期的考验，不会错到哪里去。什么叫做变？就是权宜的应变。我们会根据时局的变化调整自己的态度，改变应对的方式。中国人最了不起的就是几千年来既坚持不变的原则，又会不断地随时代做出权宜的应变，但是始终没有改变原来的精神，这样才会安全，才会可靠，才会有效。

【坤道感悟】
中国人最了不起的智慧，就是持经达变。

比如“父母之命”好不好？有的年轻女性抱怨，说父母总是催她找对象，催她结婚，但从来没有真正帮助过她。处于恋爱过程中的人，需要别人的指导，而最合适的人选就是父母。但是现实中，大多数的子女都很回避跟父母谈这种事情。

父母是过来人，既有感情的经验，也非常了解子女，更不会存心相害。为什么一定要把父母之命解释成不重视子女的幸福，完全以父母的利害强制子女去承担不喜欢的爱情和婚姻呢？我们不否认确实存在这样的情况，但是大多数的父母都是为了子女的幸福，言三托四，帮助子女寻找适合的对象，希望子女有一个稳定的家庭，这样的父母之命难道也不好吗？

做父母的也应该想一想，一味催促是没有用的。如果以子女的终身幸福为立场，凭借自己丰富的经验，配合双方现有的条件，并且和子女共同商量，充分地交换意见，适时地加以辅导，相信这样的父母之命，必能获得子女的欢迎。子女也要明白，既然父母是最好的指导者，为什么不向他们请教呢？如果把父母之命当做是父母的指导，这不是很现代化的观念吗？

说到父母之命，我们也会想到“媒妁之言”。其实媒妁之言就是现在的婚介，既然可以委托婚介所找对象，为什么不能找人做媒呢？如果做媒的“月老”，不但德高望重，而且热诚待人、实事求是，绝不过分夸张，或借机谋利，完全站在客观的立场，认为合适的才加以介绍，尊重当事人和双方家庭，一切顺乎自然，丝毫不做勉强，那么这对男女的交往会带来很多方便。可是现在很多人宁愿登报征婚，然后吃亏上当，也不相信媒妁之言。

我们常常扭曲古圣先贤的主张，不能予以时代化地好好发挥，最大的问题就在于食古不化、望文生义、自以为是。整个环境已经改变了，当然不能因循守旧。否则就是食古不化，就是回到从前。原则不能变，但是方式一定要改变。很多人都是望文生义，比如父母之命永远是对子女的限制，媒妁之言就是为了媒人自己的好处，不顾惜两家将来的幸福。这都是望文生义导致的不求甚解，进而使太多人产生自以为是的误解。

也有人说，不经一事不长一智，恋爱也可以在实践当中学习。别的事情或许可以，但是爱情方面也如此，所付出的学费未免太高了一点。因为恋爱虽然可以承载幸福的爱情，但有时也会像一个迷人的漩涡，将人整个席卷进去，最后甚至惨不忍睹。

恋爱不能走一步算一步，不能在做当中去学、在失败当中获取经验。我们需要慎始，把恋爱当做一门学问，体会到什么叫做爱情，什么叫做婚姻，以及这两者之间的关系。树立正确的观念，把握合理的原则，寻求正当的途径，然后身体力行，才能得到圆满的善终。

婚恋合一方为合理

任何事情，没有确立正确的目标很容易走上偏道。恋爱只有跟婚姻结合在一起，才是真正的恋爱。女性在恋爱开始的时候，

【坤道感悟】
恋爱只有跟婚姻结合在一起，才是真正的恋爱。

就要想到婚姻，而不是只看与什么人谈得来，只想与什么人“来电”。毫无目标地碰来碰去，碰上了就很愉快，碰错了就认倒霉，这是在拿人生当赌注。

很多人一听到恋爱以结婚为目的，就认为是思想保守，不懂罗曼蒂克。人生如果只有罗曼蒂克就够的话，我们还努力什么，奋斗什么？若是有没有拥有，是不是长久都不重要，那还要长期的计划干什么？人生很短暂，这没有错，但是毕竟也是相当漫长的。人生重要的是过程，而不是结果。现在很多人把恋爱当成一种游戏，只想到过一些以前没有的日子，整天神魂颠倒，自己还感觉良好。

我们不是要过回从前的生活，但也不能被所谓的时尚搞得迷失方向。我们要走的，叫做中道，就是中庸之道。什么叫中道？中就是合理，道就是道路。中庸之道不是折中路线，而是合理之道，一切是以合理作为标准。人生要走的，就是一条合理的道路。我们要学会过合理的生活，懂得享受合理的爱情与婚姻。

那什么样的恋爱与婚姻才算合理？一个人的恋爱与婚姻，大致有四种情况。

第一种，恋爱一次，结婚一次。也就是说这一辈子只恋爱一次，也只结婚一次。请问你的初恋是在什么时候？你的初恋情人是谁？我们看到这个“初”，一定会想到后来还有好几次，而且往往感觉初恋好像注定是不会成功的。人生其实不应该有初恋，因为没有结果的恋爱，算不上真正的恋爱。真正的恋爱，根本就没有第二次，最初的一个也是最后的一个，哪里有什么初恋不初恋？

第二种，恋爱几次，结婚一次。这样的人会有所谓的初恋，既然有初恋，就会有第二次、第三次、第四次……但是最后还是安定下来，结了一次婚。这种其实还算不错的，婚后把以前的统统忘掉，也算是蛮正常的。

【坤道感悟】

人生其实不应该有初恋，因为没有结果的恋爱，算不上真正的恋爱。

第三种，恋爱一次，结婚几次。这种情况，也大有人在。恋爱以后跟对方结婚了，后来才感觉原来并不相配，很快就离婚了。离婚以后，觉得很没面子，赶快找一个人再结婚。不久又觉得不合适，然后又离婚。为了表明自己“不是没有人要”，接着再结婚。这算什么婚姻？跟卫兵换岗没有什么两样。

第四种，恋爱很多次，也结婚很多次。一个人如果认为自己有很多次机会，就会想到可以试来试去，反正不合适可以再换人。这种情况最糟糕，换来换去跟滥情没有什么两样。

恋爱很多次，跟很多人结婚离婚，这样合理吗？只恋爱不结婚，结婚了也不生小孩，这样合理吗？女性千万记住，为了婚姻而去恋爱，找寻纯真的爱情，然后转化为美满的婚姻，将此延续一生，才是合理的人生道路，才是最大的罗曼蒂克。我们最好给自己一个限定：我这一辈子只恋爱一次，只结婚一次。因为只有一次机会，怎么可能不慎重呢？怎么还会去乱为呢？

心有对方才是真爱

我们现在看连续剧，只要是中国人编的、中国人演的，一定会有这样一幕：男女主角吵架吵得很激烈，女主角最后逼得没有办法就哭起来，然后边哭边讲：“我到现在才知道，原来你的心里根本没有我。”她一定会讲这样一句话。男人有没有送戒指无所谓，有没有送生日蛋糕无所谓，甚至有没有说“我爱你”也无所谓，但是一旦发现他心中没有自己，就会觉得很委屈，觉得是无法弥补的遗憾。

现在很多人鼓励要勇敢地说出“我爱你”，其实是很糟糕的事情。女性如果很在意口头上的“我爱你”，那她的爱情与婚姻一定不稳定。我经常讲这样的玩笑话：一个女人相信男人跟她讲“我爱你”这句话，她一辈子最少离婚三次。想想看，男人天天讲“我爱你”，那就变成口头禅了，他也会跟别的女人这样讲啊。这种人可靠吗？如果一个女人要靠男人说“我爱你”才能感觉到爱情，那这个女人也太迟钝了，上当吃亏也是必然。

我们不是保守，不是不敢说，而是我们在乎的是对方心中有没有自己，不是嘴巴上讲讲“我爱你”就可以的。中国人只相信自己心中的感觉，怎么会相信别人的嘴巴呢？彼此接受对方的心，你心中有我，我心中有你，这才是真正的爱情。

【坤道感悟】

彼此接受对方的心，你心中有我，我心中有你，这才是真正的爱情。

坦白讲，当男女社交越来越自由、越来越频繁的时候，自己应该给自己更大的限制才对。我们今天的婚姻爱情之所以这么乱，就是因为人们的爱情观念越来越肤浅，越来越重视表面，越来越相信花言巧语，而恰恰忽略了自己心中的感觉。只是交往，却不懂真爱；只是想要占有对方的身体，而不指望获得他的心；只是追求短暂的快乐，却忘记了要长期共同奋斗的理想。这算恋爱吗？两个人只要心心相印，就算距离很远，也会彼此相爱，绝对不会变心，这才是中国人应该有的爱情。

恋爱需要理智指导

恋爱为什么是漩涡？为什么会苦恼？答案说起来很好笑，因为每个人都会苦恼。人生的苦恼形形色色，不一而足。你的苦恼跟我的苦恼不一样，我的苦恼跟她的苦恼也不一样。那么，为什么会有苦恼呢？原因只有一个，就是没有用理智来指导自己的感情。所有感情的不幸、所有不伦之爱，都是这样造成的。

恋爱浪漫的气息，会让当事人痴迷，感情一旦发动，几乎很难有什么理性。所以人一旦陷入恋爱的火热当中，往往不知道怎么选择，更无从客观评价。有句话叫“情人眼里出西施”，好像是说热恋中的情人，越看对方越对眼，越看对方越欣赏。但它同时也在警告你，热恋中的人是会产生幻觉的，你不是西施就不是西施，不会因为他看你对眼，你就真的变成西施了。他一旦冷静下来就会后悔：“哎呀，我当初怎么那么冲动，会把她看成西施呢？”这就像一团火一下子被冰水扑灭了一样。

女人在热恋中的时候，会变得更加盲目。所以当感情要发作的时候，女性更需要用理性来加以合理地掌握。掌握不是不要恋爱，不是让你放弃，不是让你完全节制冲动，那是不可能的事情，也没有必要。每个人情况不一样，每个人个体有差异，所以无法规定或者严格控制大家都一样。只是你要合理，这样就好了。因为火热的时间是短暂的，冷静的时间才是漫长的，长短之间怎么应对需要你自己评估。

其实就算刚开始你有高度的理性，一旦进入都不一定能够安全；若是一开始就非常不理性，结局当然可想而知。人如果只想恋爱，不想婚姻，就会失去思考的能力。热恋过后爱情已经用尽用光了，两手空空一无所有，你还会对爱情充满信心吗？可能连恋爱的勇气都没有了，这样不是更加苦恼吗？既然每个人都渴望纯真的爱情，最好从开始就设立正确的目标，用理智来引导我们的行动，用理性来指导我们的感情。

恋爱之中需要守贞

我在大学教书的时候，有的女生问我："我的男朋友对我很好，但是要求跟我发生性关系，不然的话就不理我了。"我怎么回答？如果板起脸来，一本正经地告诉她不可以，那就是说教了。说教是没有用的，如果说教有用，我们今天就不用这么辛苦了。如果我说无所谓，那就是不负责任，还算什么老师呢？

人对异性有两种状况：一种是好奇。总想看看女性到底是怎么回事？很多男人结婚之后，还是不断地好奇其他的女性。其实一句话讲完，关起灯来每个人都一样，有什么好好奇的？另一种是关怀。一个人只有关怀对方，才会尊重对方、保护对方、替对方设想。

所以我告诉那个女生，去问她男朋友一句话就好了："你对我到底是关怀还是好奇？"

如果男生回答无所谓，那女生就要警惕了，这个男生根本是不负责任的，他心中只有自己没有对方。如果她男朋友回答是关怀，女生就告诉他："你既然关怀我，就应该站在我的立场替我想想。我跟你发生了关系，如果今后不能结婚，那我将来怎么办？"这样男生自然就知难而退了，不用跟他吵架，也不用跟他板脸，更不用迁就他。

对异性纯粹好奇的大概不多，纯粹关怀的大概也不多，至少没有人会公开承认自己纯粹是好奇。所以往往是好奇大于关怀，或是关怀大于好奇。如果一个男生对一个女生纯粹是好奇，那他的好奇心得到满足以后，还会再找第二个女生。为什么？因为他会继续好奇，想看看女生跟女生之间到底有什么不同。这样一个一个换下去，一点忠贞的观念都没有了。

如果两个人对彼此都好奇，那就更糟糕了，就会喜欢上一夜情。对他们而言，一夜情只是增加一项记录而已，就好像今天探险到一个什么地方，明天又发现一个什么景点一样。男女之间的一夜情，完全就是生物性的行为。看看动物就明白，它们交配一次后从此就分开了，没有什么责任可谈。人如果和动物一样，还有人的价值和尊严吗？

但是关怀就不一样了，关怀会让男人尊重女人。他会说："虽然我有这个冲动，但一切等到结婚再说吧，这样我也不会变成一个不负责任的人。"对婚姻负不负责，从婚前会不会发生性关系就可以看出来。中国人最在乎的是有没有得到对方的心，而不是有没有得到对方的身体。现在很多年轻人把身体摆在第一位，其实已经是偏离了中华文化。

中西方对性爱寄寓的意义不一样。西方人发生性关系，并不代表以心相许，那只是一种接触的方式。他们是通过"性"的结合来了解对方，完成一种相互认知的过程。如果配八字我们觉得很可笑，那透过性的关系就能了解对方吗？这比配八字还荒谬。西方人今天跟你很亲密，明天就可能完全不认识你了。中国人做得到吗？如果做不到，我们就不要走这条路。

结婚之前一定要守贞，两个人合得来就继续交往，逐渐谈婚论嫁；合不来就各走各的路，趁早各奔东西。两个人只要没有发生性关系，你可以找别人，他也可以找别人。既然没有什么瓜葛，就不会对不起任何人。

有人说中国人的贞节观念很古板、太极端。我们想一想，如果贞节太极端，那开放是不是也是一种极端？为什么这种极端不行，那种极端就可以？

合理掌握恋爱时机

假如面前有一大片金灿灿的麦田，只给你一次挑选的机会，要你从中选出一个颗粒最饱满的麦穗，而且规则要求只能一路向前，不能来回往返，你会怎么办？到最后几乎所有人都会后悔，要求让自己再选择一次。我们要么选早了，后面又有更大的；要么选晚了，错过了最大的。这就是人生，人生就是一次次无法重复的选择。在寻求爱情与婚姻的过程中，我们也很难走回头路，而且永远不知道最好的在哪里，永远不知道最想要的是哪个。

如果想要实现“一辈子只恋爱一次，只结婚一次”，那么开始恋爱的时机要如何把握？如果成家立业没有一样有基础，在这样的情况之下恋爱能有什么结果呢？反而耽误了很多正事，后面整个就没有机会了。当然太晚也不行，总想着接下来还有更理想的，也会错过很多本该把握的人。

【坤道感悟】

在寻求爱情与婚姻的过程中，我们永远不知道最好的在哪里。

大学以前是人记忆力最好的阶段，应该把宝贵的时间用来专心求学，好好地充实自己。

升入大学以后，就认为以前所受的约束不存在了，课业也不那么紧张了，可以放心恋爱了，这种想法和做法也得不偿失。大学阶段应该多参加社团活动，多与同学沟通，才能够享受真正的大学生活。如果一头扎进一个人的怀里，就失掉了很多与其他人沟通的机会。想想看，一班同学包车外出旅游，你没有男朋友，可以跟每一个人聊天，跟每一个人交流。一旦有了男朋友，你跟别人讲话他就会不高兴，而且别人也会远远地躲着你。

我读过大学，也教过大学，坦白讲大学生的感情是很不稳定的，恋爱成功的几率也很低。为了这段很短暂的交往，使得大学四年失去了很多长进的机会，仔细想想是很划不来的。当然，我们也没有说大学的男女禁止交朋友，我们反而鼓励异性同学的正常交往，只是不要急于变成爱情关系，不要一下子就去固定下来。

其实就算踏入社会以后，先把工作稳定一下，为将来打下更好的基础，替自己的婚姻设定更高的标准，然后按部就班地把爱情和婚姻当做人生的一件大事情来探讨也不迟。就男性而言，25岁到35岁应该是一个比较适婚的年龄段。那女性呢？可以提前一点，25岁到30岁为宜。因为女性年龄越大，第一胎的生育越不安全，这些都是应该顾虑到的。

找到理想的意中人之前，鼓励女性多参加一些正当的社交活动，以便增加认识异性的机会。在人多的场合，你可以去了解每一个人，也可以让别人了解自己。但是千万记住，一开始要多了解、多观察，不要一见钟情。一见钟情来得快去得也快。冷眼旁观，反而容易看得比较清楚。因为没有爱情的成分，头脑会比较清楚，可以冷静客观地来了解别人做人做事的态度。如果一下子就投入进去，很容易冲昏头脑，善恶美丑、内在外在完全看不清楚。

参加活动时，不要一开始就跟某一个人走得太近，因为别人会认为你们是一对，就算没有也会变成有。刚开始圈子要大一点，比如有十来个人，过段时间变成五六个人，然后变成三四个人，循序渐进慢慢地缩小。一个人没有恋爱的观念，自然就会维持很纯真的友情。友情很正常，多认识几个朋友也没有什么坏处。没有单独的约会，就会比较有弹性。慢慢觉得跟某个人确实比较合得来，就可以进一步深入地了解，最后缩到两个人。

姻缘皆是自作自受

一个人一生的姻缘是必然的还是偶然的？热恋中的人会说怎么可能必然？当然是偶然的。但是也有很多结婚后的人告诉你，没有什么偶然，一切都是必然的。到底是必然还是偶然，这是根本没有定论的事情，不管怎么讨论最后都等于零。

虽然我个人一贯主张以结婚为目的来谈恋爱，将二者合一来看待。但是，我们也尊重每一个人的选择，尊重每一个人的价值观。因为价值观是由自己选定的，不是别人可以勉强的，而且别人也没有资格去勉强。

我们为什么尊重每一个人对姻缘的选择？因为人生只有一条永远不变的定律，就是“自作自受”。长久以来，我们总把“自作自受”视为贬义，好像只有不好的结果才是自作自受。其实不管结果好与坏，都是自作自受。你的姻缘是你自己在决定，遇上负心汉是自作自受，寻得如意郎君也是自作自受。

人生就是自作自受的过程，每一个人都要替自己的所作所为，承担百分之百的后果，谁也推卸不掉，别人也代替不了。很多人说“都是你害的”，这是在推卸责任，没有丝毫的意义；很多人说“感谢你的帮忙”，也只是客套话，说好听的而已。因为没有人害得了我们，也没有人帮得了我们。一个人想害你，如果你不听他的，他就害不了你；一个人要帮你，如果你自己没本事，他也帮不上你。

【坤道感悟】人生就是自作自受的过程，每一个人都要替自己的所作所为，承担百分之百的后果。

人生如此，姻缘自然也是如此。所以，不要存心推卸责任，也不要试图逃避责任，更不能够忘记责任，否则就是自己骗自己。我们总以为人与人骗来骗去，都是在骗别人，其实我们最有兴趣的是骗自己。我们每天花很多的时间在骗自己，甚至骗到自己都不知道在骗自己。西方人教育人说：你不要骗别人；中国人却提醒你：你怎么连自己都在骗？这就是在告诉我们，千万不要骗自己。你有本事骗别人，我们不在乎，但是你不可以骗自己。一个人不骗自己，大概也不会骗别人；一个人不骗别人，却经常在骗自己。

男人希望一辈子不愉快，娶个差劲的老婆就够了，她搞得你天翻地覆，永远不得安宁。女性找个不负责任的男人，也注定一辈子不会幸福到哪里去。姻缘是每个人一辈子的大事，这个结果是我们自己要天天去面对的，要一辈子去承受的。把这些事情搞清楚了，自己受益；否则吃亏的终究还是自己，没有一个人例外。

恋爱与婚姻是人生神圣的使命，虽然不是人生的全部，但却是人生很重要的一部分。因为它决定着一个人今后的生活到底是充满了乐观喜悦，还是烦恼痛苦。所以，自求多福也是自作自受的另一种解释。我们既然要承受一切的结果，就一定要慎始善终，不要自己整自己，不要自己跟自己过不去。

第二章　择偶之道

——家庭个人共同参与

中国人常讲一句话：男怕入错行，女怕嫁错郎。说的是男性最怕选错了行业，那样再能干也没用；而女性如果嫁错了丈夫，一生都会很麻烦。其实，不但中国人这样讲，西方人也有类似的话。莎士比亚说：金钱可以买田地，但是娶妻只能靠运气。运气好讨个好太太，可以同甘共苦，成为男人有力的支持；可是运气不好，讨了一个坏太太，请问你又能怎么样呢？

我们会这么说，就表示婚姻当中除了可以控制的因素以外，还有很多不好掌控的因素。我常常开玩笑，说现代的女性有一个共同的姓氏，就是姓 “碰”。很多人在爱情与婚姻方面都是靠碰——碰对了就愉快，碰错了就认倒霉。人生不应该是赌注，时间一分一秒过去，永远不会回头，不可能从头再来。面对这样残酷的事实，更要事先考虑清楚，然后一步一步安安稳稳地走下去，这才是人生的大道，而不是总想着有什么奇迹发生。

如果把恋爱中的男女看成是两个圆，那么双方的关系会有三种情况：同心、相交或者分离。第一种，同心。当两个人的想法一致时，两个圆就会重叠在一起，变成一个同心圆，也就是我们常说的“圆满”。第二种，相交。意味着两个人的想法不太一样，有点分歧，但总还有一些交集，还是可以商量的，不至于产生太大的问题。第三种，分离。就是你想你的，我想我的，两个人完全处于分离的状态，就算以后结婚了也是同床异梦，这就比较麻烦了。

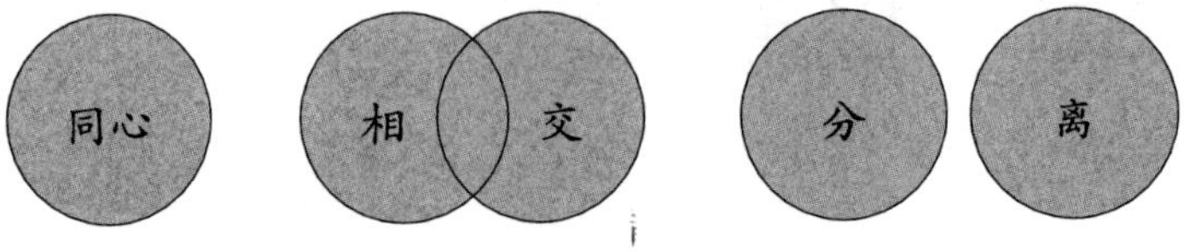

同心圆的爱情与婚姻，是最理想的结果，这样生活才会比较美满。女性在恋爱当中，最好事先要有这样一个目标。那怎么才能知道他是不是与你同心的人呢？就要按部就班，循序交往，不断持续地加深对彼此的认识。这时恋爱就进入到了择偶的阶段，也就是要了解两个人是不是真的同心同德，将来能否协同一致，值不值得将男朋友作为终生的配偶，然后考量多方面因素，最后做出慎重的决定。那么，在这具体的过程当中，女性应该怎么办呢？需要注意哪些原则呢？

【坤道感悟】

男女同心的爱情与婚姻，是最理想的结果，这样生活才会比较美满。

不求最好但求适合

每个人在爱情与婚姻面前，总是想找最好的。有这样一个故事：

一个年轻人去婚介所找对象，进去以后首先看到两扇门，一扇门上写着“年老的”，另一扇门上写着“年轻的”。旁边的人告诉他，可以自己选择，想找什么样的就进哪扇门。他听了以后，毫不犹豫地选择了“年轻的”那扇门。

进去之后，又看到两扇门，一扇写着“漂亮的”，另一扇写着“难看的”。找对象谁不找漂亮的，年轻人自然进了写着“漂亮的”那扇门。

接下来还是两扇门，一扇写着“有能力的”，另一扇写着“没能力的”，他继续选择了“有能力的”那扇门。

穿过之后，里面又树立着两扇门，一扇是“教养良好的”，一扇是“教养不好的”。当然找“教养良好的”，他觉得这点很关键。

当年轻人最后进入这扇写着“教养良好的”门以后，发现里边除了一面镜子之外，什么都没有。镜子旁边写着一句话：请先看看你自己。

你有没有发现，我们在择偶的时候，都是像故事里的年轻人一样，找“年轻的”、“漂亮的”、“有能力的”、“教养好的”……很少有人会例外。

我们常讲一句话：最好的永远是大家的，而不是属于哪一个人的。最大的金刚钻石不可能戴在人的手上。戴在谁的手上，谁的手就不见了。所以世界上最珍贵的宝贝，都放在国家的博物馆里面。因为只要是私人收藏，就会成为别人觊觎的目标，迟早被偷走。想想看，一个女孩子长得非常漂亮，她最后不会属于某一个人，而是成为公众的对象，可是一旦那样就变成交际花了。这话有点难听，但事实就是这样。

一个人只有先了解了自己，才有办法做出合理的选择。想找最好的可以，但是要先看看自己的条件：凭我的长相我找什么样的人，凭我的学历我找什么样的人，凭我的能力我找什么样的人，凭我的家庭背景我找什么样的人。为什么不设想一下，两个人学历相差太大，将来怎么相处？两个人身高相差太过悬殊，出门会觉得自在吗？

【坤道感悟】择偶不是找最好的，而是要找适合的，找到与自己般配的。

择偶不是找最好的，而是要找适合的，找到与自己般配的。中国人常讲两个人有没有“夫妻相”，除了在说外表之外，其中更多的含义是说彼此的条件般配不般配。男女双方你喜欢我、我喜欢你，两情相悦又很相配，那是最好的。一旦不般配就会后患无穷，就会夜长梦多，就会难以长久。如果有一个人最终被淘汰出局，那样岂不是很凄凉？

人们常说爱情是无价的，好像什么人都可以爱，这是很罗曼蒂克的一种说法。但是要记住，除非只恋爱不结婚，一旦结婚就会回到现实中。因为婚姻一定是有条件的，没有条件的姻缘很难有结果。

如果想找没有条件的婚姻，买几本爱情小说看看就好了。但是提醒大家，不要把小说当真，要跟实际的生活做一个区别才对。如果小说是真的，还有人看吗？我们过的是生活，可以有一些理想，有一些梦想，甚至是幻想，但是不能老做白日梦。人如果照着爱情小说去生活，自己会很痛苦。

门当户对十分必要

谈到择偶的条件，男性经常把年轻、漂亮放在前面。可是要知道，年轻是不会持久的，年轻的结果就是变老，漂亮的也很快会变成不漂亮，任何人都不会例外。就像花儿一样，今天很漂亮，可过不了几天就凋零了。

那女性呢？很多女性认为，一定要嫁个家境优越、有钱有势的丈夫，这样就一步登天了。从此可以有漂亮的衣服、昂贵的首饰，过上衣食无忧的日子。很多现实的案例提醒我们，一个普通人家的女儿非要嫁入豪门，她进门以后不是媳妇，而是变成了高级佣人，被人呼来唤去，甚至经常遭受奚落。因为公婆看不起她，认为她不配坐享其成。

婚姻双方的家庭是否门当户对，是衡量两个人般配不般配的一项重要指标。高低一悬殊，别人就开始怀疑：是不是不怀好意？是不是存心不良？就算不是，也难免蒙受很多不白之冤。当然，门当户对也不是说完全对等，只是差别不要太悬殊。

合理的选择，是双方的家庭实力比较相近，社会地位也基本相当。想想看，背景相近的家庭教养出来的子女，从小生活的环境比较类似，以后的思维方式、见识程度也会基本相当，彼此沟通起来自然比较方便，也会有更多的共同语言。如果两个人的出身背景太过悬殊，成长环境决然不同，可能连基本的生活习惯都不一样。刚开始或许不会觉得怎么样，时间长了就会渐行渐远。

千万记住，高攀的结果是两个人都受害。想要通过婚姻来改善自己的未来很难，天下少有这种不劳而获的事情。如果坚持这样，我们也不反对，因为有时确实会出现良好的结果。只是就像乌鸦变凤凰一样，这种比例很低，值不值得去冒险，要每个人自己考量。

【坤道感悟】

想要通过婚姻来改善自己的未来很难，天下少有这种不劳而获的事情。

个人家庭共同参与

爱情到底是个人的事情，还是整个家庭的事情？婚姻到底是自己做主，还是跟全家人都有关系？很多人觉得像西方人那样，自己恋爱的对象自己找，要不要约会自己决定，结婚也不必请示父母，是很现代、很进步的表现。产生这种想法，很大程度上是因为忽略了东西文化的诸多差异。每个社会有不同的背景，自然会产生不同的恋爱观念、不同的婚姻原则，我们不必学也无法学。

西方把人与人之间的关系称为人际关系，强调众生平等。因为西方相信人是由上帝创造，所有人都是上帝的儿女，这样一来儿子女儿、父亲母亲、祖父祖母都变成一种兄弟姐妹关系，所以只有说人人平等。中国社会没有人际关系，因为我们重视伦理，一定要把伦理加进去，所以我们是人伦关系，而并非人际关系。中国人告诉你，人生下来就是不平等的。谁跟你平等，你又跟谁平等？人类不可能绝对平等，只能享受相对的平等，也就是合理的不平等，这便是伦理。西方人儿子可以叫爸爸的名字，你回家也叫爸爸的名字试试看，他一定不高兴。

在这种人与人之间关系差别的影响之下，西方社会最基本的单位是个人，称为个人主义（individualism）。中国人不是个人主义的民族，那你会不会想我们一定就是集体主义（collectivism）？很多人受“二分法”思维的毒害，认为不是黑就是白，不是好就是坏，不是这样就是那样。世界上的事情会那么简单吗？除了德国和日本，世界上集体主义的国家也不多。你看我们比较熟悉的日本就好了，他们一切都是团队行动——平时工作在一起，下班喝酒还是在一起，完全没有自己的生活。一点个人自由都没有，还有什么意思？所以我是最不主张学习日本人的。

中国人既不是个人主义，也不是集体主义，但我们既有集体主义，也有个人主义。说得再明白点，个人主义有利的时候，我们就采取个人主义；集体主义有利的时候，我们就采取集体主义。有人说这样是“骑墙派”，这样的人是投机分子。那换两个字好了——合理。个人主义在这个时候合理，就采取个人主义；个人主义在这个时候不合理，需要集体主义，就采取集体主义。一切以合理为标准，这不是投机取巧，而是随机应变。

中国人的这种思想，是一种非常少有的“交互主义”（mutualism），我们主张对“和”的达成，依赖于双方符合“礼”的互动。中国人常说“彼此彼此”、“礼尚往来”、“一个巴掌拍不响”、“你不仁别怪我不义”，都是交互主义的形象说法，我们一切根据对方的表现做出相应的反应。说得再简单点：你看得起我们，我们就看得起你；你看不起我们，我们也不见得看得起你。你对我好，我就没有理由不对你好；你对我不好，我干吗要对你好？

每个人作为家庭中的一员，在对外活动中的代表性可以分为两个方面：家庭参与和个人参与。西方人受个人主义的影响，在个人与家庭之间比较而言，偏重个人参与。他们认为每一个人自己的所言所行、所作所为与家庭无关，纯属个人的事情，由个人决定也由个人负责。这使得西方的家庭制度好比有限责任公司，虽然开始由父母子女共同组成，但是子女成长到十八岁以后，就要离开家庭自食其力、独立生活。就算子女不想离开家门，父母也会把他们赶出家门。如此一来，恋爱结婚的事情当然不受任何约束，可以独立做主，就算想受约束也没有人管。

西方人看到一个小孩子，会问他是谁，是叫Tom还是Jack。而中国人一定会问这是谁家的孩子，不会先问他是谁。因为中国社会自古以来最基本的单位是家庭，而不是个人。我们任何一个人出去，都代表着整个家庭，称之为家庭参与。这使得我们的家庭比较接近无限责任公司，强调一家人血浓于水，父母子女长久的相互依赖，任何事情由家人决定如何参与，结果也由家庭共同负责。家庭中任何一员在外面的言行举止，都会被当做一家人的表现。如果涉及财务或法律问题，也会要求这一家人共同负责。

现在社会，采取哪种参与方式更为合理？我们认为最好是家庭参与和个人参与兼顾并重，从而使两种方式的优势都能得以发挥。通过家人共同商议，建立家庭共识，只要是家人所认可的独特家风，就可以顺利地延续下去。家庭的代表者不一定限于父母，也可以因时、因地、因事制宜，推举出合适的代表人选。需要家庭参与的时候，便发挥全家人的力量；需要个人参与的时候，便充分发挥个人的专长。这种观点，再一次证明中国人是合大于分、和合性大于分离性的民族。

全世界只有中国人的亲属范围最广、亲属称呼最多。舅舅、大伯、小叔、表叔、堂叔等，而西方人只有一个“Uncle”，因为他们没有中国人这么强烈的家庭观念。很多人批评中国人家庭包袱太重，好像整个人都为家庭所束缚，失去了自我发展的空间。中国人向来什么事情都会兼顾，我们是把个人跟家庭结合在一起，在家庭中发展自我，既考虑到家庭，也考虑到了自我。因为家庭中只要有一个人有了成就，会带动整个家庭的声势。所以他在家庭中会得到家人共同的支援，所得到的成就也一定要跟家人分享。这便是在家庭中发展自我。中国人为什么这样？因为个人的力量非常有限，我们希望通过家庭得到更多人的帮忙，得到更多人的关怀，同时也请更多人予以督促，借助全家人的力量来成全个人。日本人有家庭没有自我，美国人有自我没有家庭，像这些文化的差异要去慢慢体会。

【坤道感悟】

爱情和婚姻不是一个人的事情，而是全家人共同的事情。

这样一来我们就会明白，中国人不能是个人主义，心中一定要有家人的存在。同时，对于中国人而言，爱情和婚姻也不可能是一个人的事情，而是全家人共同的事情，需要个人和家庭的共同参与。我们不反对人要相当程度的独立，但是独立到孤家寡人、无依无靠实在没有必要。什么是好父母？心中有子女，常以子女为重。什么是好子女？心中有父母，常以父母为重。这两点是不能割裂的。现在的父母，在子女择偶问题上坦白讲都是很寒心的。很多做子女的心里都有一个相同的声音：你们已经过时了，我的事情我自己会处理，不用你们管……或许子女嘴上没有讲出来，但是父母都感受到了，因为子女在行动上就是这样表现的。

有的年轻人对象确定了，或是准备结婚的时候才去告知父母，要这样的子女干吗？还有根本连说都不说就结婚了的，这样做父母的心会舒服吗？婚姻的事情，做子女的只能禀告，而不能告知。禀告是说“我还没有决定，现在把情况说出来，请示一下你们的意见”；而告知完全是 “我已经决定了，现在告诉你们，这就是我的决定”。这样父母就算有意见，常常也已经来不及了，所以干脆没有意见了。

我们可以告知一个朋友，却没有权利告知自己的父母，但是今天很多人都这样做了。有些人觉得父母越来越冷漠，不如以前那样替子女着想了，这其实是子女自己造成的。子女不尊重父母，父母为什么还要替他操心？这些观念跟传统不传统、保守不保守没有关系，而是身为子女基本的修养和孝道。

子女到了适婚年龄，父母四处去打听，拜托别人给子女介绍对象。他们提供更多的机会有什么不好，自己去找不也是这样子吗？如果子女心目当中有人选，提前禀告父母，让他们帮忙打听打听。若是双方的父母本来就认识，那不是更加方便？只要是合理的意见，又何必拒绝呢？总比自己去摸索，然后陷入情网、丧失理性，最后任人摆布强得多。若是一味地自作主张，将来发生什么问题怎么办，自己有能力去面对吗？

现在很多家庭因为子女恋爱、结婚的问题，闹得一家人离心离德。当一家人的心不能结合在一起，家庭就开始分裂了。如果每一个人都是个人主义，都变成独立的个体，家人之间彼此不信任、不能交心，家就变成了旅馆，还能有什么温暖呢？这样的家庭还值得我们留恋吗？坦白讲，恋爱双方如果都是个人主义，自我意识太强，最终很难走到一起，也不可能长久相处。个人的能力是非常有限的，如果把恋爱看成个人的事情，就必须自己挑起很大的责任，因为将来全家人都会把她当陌生人看待。所以最好的办法还是个人参与和家庭参与兼顾，父母和子女彼此尊重，相互商量，才不会自己在那里昏头转向。

多方兼顾各种关系

结婚之所以被中国人称为“两家的喜事”，就是因为我们借由两个人的姻缘，可以成就两群人甚至两族人的良好关系，这才是功德无量，这才叫“通家之好”。你能要求男朋友“我只嫁给你一个人，跟你的父母没关系，跟你的兄弟没关系，跟你的朋友没关系”吗？有人会为了这样的要求与所有人都断绝来往吗？恐怕很难！所以在择偶的时候，不能只考虑自己喜欢不喜欢，还要想到家人接不接受。

第一个，要考虑父母的态度。我们一再强调，中国人最重视的是心目中有没有对方的存在。找对象的目的不仅仅是找一个人而已，还要考虑增强家庭的力量。因为女婿总是比较信得过，媳妇总是比较放心的。女儿心中有父母，就会想自己找的这个对象，父母能不能满意？儿子也是一样，在找对象的时候，要考虑自己找的这个女朋友，父母会不会认可？我的大儿子恋爱的时候，偷偷跟我讲："爸爸，我选了一个你跟妈妈会喜欢的人。"我当时听了，实在是很感动，因为我们这种家风总算传下来了。

第二个，要考虑子女的未来。有人说："根本还没有结婚，哪来的什么子女？"中国人的聪明之处就在这里，因为婚后迟早要有孩子，我们从一开始就要想到未来的子女。你要替你的儿女找一个好爸爸，替你的儿女找一个好妈妈。

很多人说优生从怀孕开始，那就太迟了。父母都已经定了，再讲优生还有什么用？所以不讲优生则已，要讲就要从择偶开始，替未来的子女找一个弥补缺陷的机会。你希望子女将来的体格好一点，就找一个身体强壮些的；自己的数字概念差，就找一个记忆力比较好的；自己个头太矮了，就找一个稍微高一点的。当然有人说差得太远，对方未必看得上，但是有个计划最起码总比没有好，有这样的目标总比将来后悔强。

现在很多年轻人，等到恋爱成熟了，快要结婚了才去做婚前体检，那其实就是个形式而已。彼此已经投入感情都谈婚论嫁了，若是其中一个检查出有什么重大的病患，你又能怎么办？你能就此分手吗？那也太绝情了吧！所以不能开始没有打算，最后才考虑这些事情。换句话说，那样已经太晚了。

第三个，要考虑兄妹之间的和睦。除了父母，还要考虑兄弟姐妹，因为虽然不经常在一起生活，但毕竟也是一家人，如果完全格格不入，那也非常麻烦。我们看过太多的案例，夫妻两个人刚一结婚，姑嫂意见一大堆，兄弟姐妹就不和睦了。为什么一定要等到问题出现的时候，再去应付甚至取舍呢？说得再远点，最好连朋友的感觉也要考虑考虑，不要因为结婚而与朋友们慢慢都不来往了，这样也是一笔很大的损失。

难道自己就不考虑吗？当然考虑，最后你才想到为自己找一个好伴侣。但是好伴侣有一个先决条件，就是父母可以接受、兄弟可以接受、将来的子女也很喜欢。

有必要考虑这么多吗？这样不是太勉强自己了吗？当然不是！“取法乎上，得乎其中；取法乎中，得乎其下”，就算把目标定高一点，将来最多也只能达到一半而已。实际上谁也勉强不了你，最后的决定还是在自己。婚姻是要伴随人一辈子的，这不是人生中某一阶段的事情。既然这样，自己就要非常地慎重，开始要求高一点，考虑的事情多一些，然后针对这个目标去努力，才有可能走向幸福圆满的生活，才算对得起自己。

【坤道感悟】

好伴侣有一个先决条件，就是父母可以接受、兄弟可以接受、将来的子女也很喜欢。

多种途径仔细考量

很多年轻人问我：“怎样才能清楚地了解男朋友到底如何呢？”其实只要有心，我们有很多途径，可以做出很实际的判断。比如说，看看他读什么书。女性只要看看男朋友书架上有哪些书，或者正在读什么书，基本就可以清楚这个人的兴趣爱好、层次品味了。

再比如，看看他周围的朋友。朋友会经常集合在一起，就表示他们是志趣相投的。从他交一些什么样的朋友，跟朋友如何互动也能得到很多信息。他在你面前可能会伪装得很规矩，话讲得很动听。如果他跟朋友在一起的时候，态度跟和你在一起的时候完全不一样，那你就要开始怀疑了。

你还要多留意他眼睛的反应。一个人看到自己喜欢的东西，听到自己感兴趣的事情，眼神会有变化，瞳孔会有反应，这是谁都瞒不了的事情。两个人在一起的时候，开始若无其事地扯来扯去，你出其不意地跟他来一句："我有个远房姑妈，几十年没有见面，最近突然回来探亲，送我一个好大的戒指……"或者说："真没想到，我叔叔的同学现在做了好大的官……"这时候你去观察，他有什么反应？眼睛突然亮了起来，瞳孔马上放大了，你就知道他一定是个贪财好利的人。大街上眼睛总跟着漂亮女人转来转去的人，不好色才怪呢？眼睛是身体最诚实的部分，这个是骗不了人的。

当然，还有一种更有效的方式，就是到对方家里面去看看，也就是我们所说的家庭拜访。一方面你可以了解他们全家人，另一方面他们全家人也可以看看你，这是最好的一种方式。因为只要结婚，就迟早会跟全家人互动，如果结婚以后才发现除了配偶之外，没有一个人合得来，那不是很痛苦吗？所以借由家庭拜访，看看男方家里的其他人好不好相处、以后能不能接纳你，同时从他的父母关系上面预见一下自己婚后的状况，这是一种非常自然有效的途径。

家庭拜访其实很有意思，在尚未登门之前就能看出很多的问题。男方如果对女方有意，应该会在适当的时机，主动邀请女方到家中见见自己的父母。如果迟迟没有动作，或者女方主动提出还一拖再拖，那就表明男方根本没有结婚的打算。这种情况之下，女方也不必再问“你父母是不是不欢迎我”之类的话，问那么清楚干什么呢？西方人讲话讲得很清楚，所以弄得大家都没有面子。而中国人话讲到差不多，对方听懂了就好了，不必讲那么清楚，这就是文化的不同。

家庭拜访，尤其是第一次拜访十分关键，所以双方一定要事先约定日期，以便让男方家庭有充分准备的时间。女方更是要做好思想准备，明白都要留心哪些方面。

第一个，看看男方的家庭环境。

一个家庭的家居布置舒适合用就好了，这才是正常的生活态度。客厅里摆设着豪华沙发，酒柜中陈设着各国洋酒，墙壁上镶嵌着彩色明镜，却连个供家人阅读的书架都没有，或是有也是装装样子，完全把书作为一种饰品，看到这些就要想想这是为什么。炫耀自己的财富，还是显示家庭的地位？以后生活在这样的环境中，怎么能够轻松自在呢？

第二个，了解男方的家庭氛围。

一个家庭最重要的就是你心中有我，我心中有你。通过男方父母如何招呼儿子的异性朋友，可以看出这一家人心目当中有没有彼此的存在，了解子女在父母心中占据多重的分量。像这种事情，男方多半一家人都会到齐，同时准备一顿合适的家宴，以此迎接女方的来访。因为既然你看得起我们家，我们家也应该欢迎你；既然你是我们儿子的女朋友，将来我们就有可能是一家人。如果儿子把女朋友带回家，一家人各搞各的，妈妈不在乎，爸爸打个招呼也走了，那就表示他们心中谁也没有谁的存在。这样的家庭进门以后，恐怕也很难与其他人相处得好。

第三个，观察男方的父母表现。

每个家庭都会有不同的作风，中国人称之为“家风”。家风代表着一家人所有的行为、态度和准则。我们经常发现一个家庭里的每个成员好像都很相似，就是因为家风使然。想知道男朋友今后怎么样，去看看他的爸爸就知道了。比如感觉到男方父母的关系似乎有很大的隔阂，自己就要引起警惕了。人要懂得见微知著，通过这样的观察分析，应该可以预测自己婚后的一部分状况。

家庭拜访需重礼仪

家庭拜访是你了解男方家庭的机会，同时也会成为男方家庭了解你的机会。所以很多细节和原则，尤其要注意才是。比如第一次到男朋友家，一定要注重自己的仪表，不能不修边幅或者过于休闲，这是对男朋友家人的一种尊重。当然也不能浓妆艳抹，像参加化妆舞会一样，会给人不得体、不踏实的感觉。第一印象十分重要，别人对你有良好的第一印象，然后持续增加对你的好感，这就是幸运。如果第一次就不顺眼，以后就会越看越不顺眼，将来要花很多力气才能扳回。

第一，首次拜访单独赴约。

首次到男方家拜访，一定要单独赴约，不要劳师动众，举家前往。这个不是个人主义，因为就算自己一个人，在别人眼里也是代表你们全家人，会把你当成全家的缩影。独自赴约表示你很有信心、很有实力，经得起别人的考验，也愿意接受别人的考验。如果害怕，想让别人陪同，就算是姐姐、闺蜜也都不方便。我们经常说人在平时就要注重积累自己，才不会临事而惧，就是这个道理。

第二，用心准备一份礼物。

临行之前，最好用心准备一份合适的见面礼。初次见面，礼物不可以太贵重，就算有钱也不可以。很多人认为自己有钱，也舍得花，送礼有什么难的。这种想法大错特错。送礼是件很困难的事情，也是一门大学问，要考虑习俗、兴趣、年龄、信仰、时机等很多方面。

礼物重在意义，而不是价值。花多少钱是一回事，用不用心是另外一回事。钱人人都会花，但是心却不是人人都会用，很多人一辈子都学不会。送礼不当经常适得其反，额外制造很多麻烦，所以一定要小心。

第三，对待长辈注重分寸。

见到男方父母，要主动先给老人家请安问好，这是中国人基本的伦理要求。要问好就要有称呼，怎样称呼别人，表现出来的是我们的一种心态。一方面，不要称呼对方的社会职务。比如男朋友的父亲是经理，你能见面就说“经理好”吗？那也太势力了，你又不是来求职的。另一方面，不要询问长辈的年纪，好像觉得比自己爸爸大就叫伯伯，比自己爸爸小就叫叔叔，这样也不好。要论以后熟悉了再论，现在叫伯伯就好了，分得那么清楚有必要吗？

落座以后，不能与男友拉拉扯扯，而要多跟他的父母做适当的交流。如果担心没有话题，可以提前通过男友了解一些基本信息，这样就不会无话可说了。一句话都不说不好，但也不能滔滔不绝地讲个不停，最好多听少议论。言多必失，祸从口出，这是永远不会改变的真理。另外，发生任何意外的事情都不要大惊小怪。因为这时候所有人都在关注着你，碰翻个杯子、打碎个花瓶就大呼小叫的，会让人觉得太过娇气，给人的印象也不会很好。

第四，餐桌礼仪尤为重要。

中国人餐桌上的礼仪一定要注意，够学一辈子的，这也是体现自身修养的关键时刻。上桌之前，自己不要着急入座，等待主人的安排才是。你怎么知道坐在哪个位置合适呢？主人安排了座位，也不必过分推辞，恭敬地谢过之后坐下就好。

上菜以后，不要先动筷子，等长辈动筷了以后，自己才可以动；夹菜就夹最靠近自己盘子里的，一开始就站起来夹远处的，会让人觉得很挑剔；主人给自己布菜，不管喜不喜欢，都要欣然接受并致以感谢；在稀少的食物上少动脑筋，转到自己面前一次就夹一次，恨不得半盘儿都吃下去，会给人家留下好印象吗？

虽然我们不建议用第一印象去论断别人，因为谁都希望给别人留下最好的第一印象，所以我们在看到的表现中，有多少真实的成分很难说清，完全凭第一印象并不可靠。但是一定要小心，别人常常会用第一印象来论断你，这也是没有办法避免的事情，自己要尤其慎重。如果认为一切都是真实的，那也是跟自己过不去。

感觉良好及时回请

在拜访男友家庭的过程中，女方并不是单纯地在接受男方的考验，所以除了注重礼仪，展现自己的良好修养之外，也要留心观察对方全家人的表现，更要清楚地了解男方的态度：自己是受欢迎还是不受欢迎？是希望你们继续交往还是到此为止？中国人的事情不需要都用嘴巴讲，自己应该很容易就可以感觉出来。如果一切都很顺利，彼此印象都很良好，回去以后及时地禀告父母，就要考虑让男友跟自己的父母见面了。

第一，尽快回请避免误会。

回请男友的时间不宜拖得太久，否则容易给男友和他的家人造成误解：是不是不满意呢？一个星期以后，你对男朋友说

“我爸爸希望和你聊一聊”，如果他也非常愿意去，那就表示双方都有意思，关系就更近一步了。如果碰到困难，要做出合理的解释。比如“我舅舅家里有丧事，大家都在忙那个事情”，就是告诉他现在不太方便。意思说到这个程度就够了，不必非要说“你千万不要怀疑”。话一定要讲得清清楚楚，是在把别人都当傻瓜看待。凡是把别人当傻瓜的，最后都会发现自己才是傻瓜。话没有必要讲得清清楚楚，但事绝不能做得含含糊糊。你要让男友把情况转告给他的父母，这样他们就会感觉到你心目中有他们全家人的存在。何乐而不为呢？

【坤道感悟】

话没有必要讲得清清楚楚，但事绝不能做得含含糊糊。

第二，切勿当面指责父母。

男朋友来访时，万一有什么意外的事情发生，比如那天父母之间很不愉快，甚至吵架了。能不能当着男朋友的面，就来制止或指责父母？如果这样，就是不孝。因为做子女的绝对没有权利批评父母，一定要以后再找机会跟他私下说明：“他们平常很好，这次是例外……”

第三，夹菜是妈妈的专利。

我曾经问我的学生：“男朋友第一次到你家来，你在饭桌上要不要给他夹菜？”很多学生回答要，事实上最好不要。有的学生很不理解：“我是主人，怎么可以不好好招呼他呢？”到家里来，妈妈才是主人。有时候爸爸都不方便说他是主人，因为都是妈妈在接待。你怎么算是主人呢？年轻人常常无意之间伤害了别人，自己却不知道。如果这样做，第一个不高兴的就是妈妈。她心里会想：从小到大也没见你给我夹过菜，男朋友一来，你怎么就会夹菜了？

有的学生很有脑筋，又问："如果妈妈不给他夹菜怎么办呢？那只好我夹了吧？"我说："妈妈不夹，你就更不能夹了。"这下她更不明白了。我告诉她："妈妈不夹菜给他，就是在告诉你这个家伙以后不要请了，你搞不清楚还在夹菜，是想把妈妈气死吗？"

夹菜是妈妈的专利，你没有理由去做这种事情。坦白讲，只要不是印象差到极点，妈妈一定会招呼夹菜给他，就算做做样子也会那样做。如果妈妈真的坐在那里，一次也没有给你的男朋友夹菜，就表示她已经看透了这个人，不希望你们继续来往了。

第四，创造机会检验男友。

在男朋友的来访中，还要懂得创造机会，把自己的家风展现给他看。比如要做什么事情，当着男朋友的面去请示父母，父母许可了才去做。这就是在用行动告诉他：我们的家风如此，将来做了女婿，你也要这样。能不能适应，自己看着办。人就是有来有往，才能互动，才能彼此了解。能够接受的自然接受，不能接受的自然排拒，因为这时候还没有明确的关系，会表现得比较自然。如果男友觉着这样很好，跟他们家也差不多，那两个人自然是门当户对。如果他对此不以为然，那以后也很难强制接受，你就知道趁早分手算了。老相信别人讲的话，最后一定上当，但是行动是骗不了人的，道理就是这样。

坦诚沟通婚后事宜

恋爱是光明正大的事情，婚姻也是人生中一个很正常的过程，没有必要偷偷摸摸、躲躲闪闪。随着家庭拜访次数的由少而多，范围也会逐渐扩大，从他的父母兄妹再到亲戚朋友。当你赢得了全家人的认可，无形当中你就得到很大的助力，就算有什么误会，他们全家人反而会替你讲话，会支持你的立场。

但是不管怎样，男女双方多沟通、多了解是非常必要的。要因为了解而结婚，而不单是因为相爱而结婚。只因相爱而结婚，就会因为了解而离婚。所以结婚之前不只是相爱而已，要慢慢去了解。很多人认为恋爱当中只想爱情就好，结婚以后才有柴米油盐。其实只要结婚典礼一结束，现实的生活马上就会开始。所以男女随着交往的深入，尤其是当两个人感觉可以走到一起了，就要对婚后的事情进行深入坦诚的沟通，彼此形成共识，一起做好以后的打算。

【坤道感悟】

要因为了解而结婚，而不单是因为相爱而结婚。只因相爱而结婚，就会因为了解而离婚。

比如“结婚以后要不要生孩子”、“是两个人住还是和父母一起住”等等。这是迟早要面对的问题，为什么不很正常、很现实地去谈呢？整天看电影、谈理想，然后两个人你骗我、我骗你，能骗多久呢？不要等到结婚后才发现，对很多事情的想法根本不一致，这个时候你埋怨他没说，他埋怨你没问，根本于事无补。

事后后悔是下策，一点用处都没有。事先小心一点、谨慎一点，做好周全的准备，然后一步一步按照正常的途径去走，最后完成一个很美满的婚姻，才是有智慧的一种做法。自己的幸福要靠自己去培养，我们尊重每一个人的选择。因为这是你的人生，要替自己负起完全的责任。

第三章 婚姻之道

——婚姻天成勿当儿戏

人有男有女，如果各走各的，便无法繁衍生息。因此男人一定要找女人，女人一定要找男人。有没有一种社会制度，可以使男女结合在一起，共同相爱、精彩生活并延续自己的生命？这种制度，就叫“婚姻”。

结婚以后，是人生一个全新的开始。中国人把没有结婚的人叫“小孩子”，结婚以后才视为成年人，我们不以年龄来划分。人生是阶段性的调整，需要根据不同的阶段，完成相应的心理调试和角色转变。既然成为成年人，要有成年人的样子，承担更多的责任，不能总也长不大。女人总是希望自己的丈夫成熟一些，否则不仅很累，更不值得。没有女人愿意当这样的姐姐。当然，女人自己也要成熟起来，像个妻子、儿媳和未来妈妈的样子。

男女双方正式结为夫妻有一个必需的环节，便是结婚典礼。中国人对结婚典礼十分重视，而当下这方面又存在很多认识误区，所以在谈及女人婚姻中需要把握的原则之前，不妨一起先来看看结婚大礼应该注意的一些问题。

传统婚俗值得借鉴

中国人结婚通常会请众多亲朋好友前来参加，目的有两个：一方面结婚意义重大，大家共同祝贺，并予以见证；另一方面，结婚需要开销，亲朋以送礼金的方式，帮助减轻部分经济压力。现在收礼成了一种敛财方式，送礼变为一种经济负担，是对原本良好用意的扭曲。在目前的现实当中，对传统婚俗用意诸如此类的曲解还有很多。但是，坦白讲传统婚俗还是有很多值得我们借鉴的地方的。

第一，订立婚约利于互动考验。

一般来讲，中国人结婚之前会先订婚。我们想一想，以前为什么先订婚？一方面，男女在婚约之下，可以持续地进行正常交往。两人进出彼此家门也会比较方便，可以多方面了解对方情况。另一方面，两个家庭也可以名正言顺地多多往来。同时，双方为了表示诚意，还会交换信物，以作凭证。

互动是最实际的考验。双方家庭和个人经过一个阶段的互动，认为方方面面都确实般配，再来商量日期予以完婚。这个过程可以是三五年，也可以是三五个月，一切合理就好。如果认为真不合适，双方解除婚约就好了。订婚以后解约，好过结婚以后离婚。解约总是比较容易的，起码伤害比较小。可惜的是，现在订婚大都变成了一种形式。

第二，相互尊重协商婚礼事宜。

在结婚之前，男方最好请个正式的媒人，到女方家里去提亲。这不但表示一种尊重，也便于双方的沟通。因为有一些话，两家不方便直接讲，可是不讲又无法确定安排，所以透过提亲的人来讲比较稳妥。在这个过程当中，关于婚礼的时间、地点、程序、礼物等问题，双方家庭要认真交换意见，否则容易在典礼上当场出洋相。

任何事情都要有主有伴，其中一个主导，另外一个配合。两家各有主张，势必乱成一团。在中国社会里，婚事基本上还是以男方家庭为主，但要充分尊重女方意见。其实，只要门庭相当，普遍都会认同这种观念。往往就是男方财大气粗，或是女方势大望高，才会不把对方放在眼里，可见门当户对十分重要。我们要特别小心，“亲家”也会成“冤家”，而结婚典礼很容易成为导火线。如果两家人第一次在一起就意见不合，越看越不顺眼，回去骂来骂去，愈演愈烈就变冤家了。

第三，黄道吉日其实并非迷信。

结婚是人生大事，一定要选黄道吉日。这不是迷信，而在于提醒我们要慎重。其实黄道吉日很容易找：站在双方的立场来考虑，哪一天两家都说好，都觉得很适合，那就是黄道吉日；站在亲友的方面来考虑，不冷不热又是个休息日，大家都方便来祝贺，那就是黄道吉日。国庆日、劳动节等，不仅有纪念意义，以后还容易记，不也很不错吗？非要去看个日子，结果两家意见不一致，还没等举行婚礼，双方就吵得不可开交，这样的日子算是吉日吗？只要每一个人都凭良心，天天都是好日子。我们对自己要有这样的信心。

第四，主角并非新人而是父母。

谁都不否认，新郎新娘是结婚的当事人。但是婚礼是以谁为主，却可以看出社会文化的不同。西方人是个人主义，认为结婚是个人的事情，自己是婚礼的主角，父母是被请来的。这在中国是不可思议的事情。

有一次我在美国，到法庭里面去参观，遇到有个爸爸告自己的儿子，因为儿子结婚竟然没有请他。法官问儿子："你结婚为什么不请你爸爸呢？"儿子回答："我结婚只请了几个朋友，他跟我很久没有来往了，跟我都很陌生，跟我的朋友更无话可讲，我请他干什么呢？"结果法官反而判爸爸败诉。在场的只有我一个中国人，他们就问我："这种事情，在你们中国怎么解决？"我说："中国不可能有这种事情。"他们很不相信。

想想看，中国人结婚的时候，门口都是挂着比如"张王两府联姻"的字样。婚礼的主角也绝不是新郎新娘，而是两家的父母。父母利用婚礼的机会，把所有与自己家庭有关系的人统统请来，郑重地拜托来宾：这是我们的儿子儿媳，他们今天终于长大成人了，恳请大家以后多多栽培和照顾……坦白讲，很多来宾，新郎新娘不一定认识。不认识才好，趁这个机会大家都知道你们是一家人，不是更方便吗？中国的家庭相当于无限公司，只要父母健在，就永远替子女着想；西方的家庭相当于有限公司，只要子女长大，就各奔前程了。都负责没有错，但期限和条件完全不同。

婚礼传统用意深长

世界各地的结婚典礼各不相同，花样繁多，但是最慎重、最隆重的恐怕就数中国人了。我们的很多做法，其实都是有用意的。像我当年结婚的时候，做新郎的连饭都没吃上。因为来了很多客人，父母根本顾不上我，我也不能乱动，所以整整饿了一天。婚礼很隆重，新人很辛苦，结一次婚就怕了，还会轻易再动结第二次的念头吗？现在结婚很轻松、很愉快，随时可以再来一次，这算是进步吗？

拜堂是结婚典礼上最重要的一个程序，新郎新娘一拜天地、二拜祖先、三拜高堂之后，还要夫妻相拜。从天地拜到彼此，又有什么用意？

新人一拜天地，是在感谢天地的保佑，这并非西方的宗教意义。中国人的上天，代表自然规律。敬天地，表示我们尊重自然规律。因为有天有地，才有我们！拜天地，表示我们没有忘本。祝福一对新人，我们也常常会说“天作之合”。上天将一对新人撮合在一起，让他们成为夫妻，当然要谢天谢地。

二拜祖先，是在感谢祖先的照顾。有人说祖先都死了，还拜什么？在中国人的观念里，祖先永远不会离开我们。西方人信神，但是那么多人，神怎么知道你是谁？又怎么去照顾你？中国人的做法更加实际，拜自家的祖先，表示自己是家族的一分子，希望祖先多多保佑。

三拜高堂，苍天大地是我们的本，父母双亲是我们的根，没有父母就没有自己的今天。谢过天地祖先之后，当然也要感谢父母的养育之恩，这才叫不忘根本。新郎新娘行礼，同时也在表示今后一定要做个好儿子、好媳妇。

最后夫妻对拜，是在彼此承诺，今后要互敬互爱，要在天地、祖先和父母的爱护和指导之下，成为社会、家族和家庭中，受到欢迎和尊敬的一对。

拜堂之后，亲朋好友一起将新郎新娘送入洞房。表示经过所有人的公证，两个人正式结为夫妻，可以进行正常的夫妻行为，因为以后还要早生贵子，履行延续香火的责任。

我们自古以来就没有重男轻女的思想。在过去的婚礼中，很多礼仪对女方都格外的照顾和体贴。比如新郎会亲自带上花轿到女方家中迎娶新娘；新娘还未到门，就早早安排专人准备迎接；花轿一到男方门外，马上有人打开轿帘，搀扶新娘出轿，陪伴缓步进入礼堂等等。这种传统直到今天依然如此，有些只是随着时代变化，进行了相应调整而已。对新娘的这种尊重和恭敬，代表着男方家庭的诚意，同时也是对成为一家人后美满和睦的一种期望。

从这方面不难了解到，中国人结婚到底是两个人的事情，还是两家人的事情。我们不像西方人，新娘的父亲从红毯的这头，把女儿交到红毯那头新郎的手里。父亲把女儿交出去，新郎把新娘接过来，这是两个新人的结合，并不是两个家庭的联姻。很多人不了解中国人结婚典礼背后的用意，觉得都是些陈旧的形式，甚至经常力图改变。产生这样的错误认识，只能怪我们自己没有文化的意识。

婚姻天成不容儿戏

在家庭里面，成员之间彼此大都存在血缘关系，不是父母子女，便是兄弟姐妹。但是和你同床共枕的，却是唯一一个没有血缘关系的人——你的丈夫。有血缘关系的分开住，没有血缘关系的反而睡在一起，这不是很奇怪吗？让一个完全没有血缘关系的人睡在旁边，难道不怕半夜起来捅你一刀吗？

曾经有一对父母，对他们的儿子说：“朋友家有一个女儿很不错，介绍给你认识一下？”儿子摇着头说：“女朋友我要自己找，才不要你们介绍。”父母心想：那你就自己找吧，毕竟勉强不来，也省得操心了。三年后的一天，儿子对父母讲：“我终于找到一个称心如意的女孩，明天带回来跟你们见见面。”父母当然很高兴，可是见面以后，两位老人更加乐不可支。原来三年前要介绍给儿子的，正是这个女孩。

还有一个故事，更加奇妙。中国人都知道月下老人，传说中他是掌管姻缘安排的神仙。有个年轻人幸运地遇到月下老人，就问：“您能提前告诉我，我未来的妻子在哪里吗？”月下老人同意了，就带着年轻人来到一个地方。月下老人指着不远处树下的一个小女孩说：“就是她了。”年轻人顺指望去，居然是一个看上去只有五六岁的孩童。于是心中暗想：如果我娶了她，那一辈子岂不是完了！当下二话不说，取下背上的弓箭，一箭射了过去。心想：我把她射死，看你月下老人还有什么本事？过了十多年，年轻人结婚了。他见新娘子的头发总是梳向一边，就问为什么要这样。新娘子说：“在我六岁那年，不知道哪个短命鬼无缘无故地射了我一箭，差点要了我的命。伤好以后，脖子上留了一个疤痕，头发只好梳成这样了。”年轻人听了，当时呆若木鸡，当然也不敢坦言那一箭就是自己所为。

其实明白人都知道，婚姻不是这辈子的事情，而是累世你负他的债、他负你的债，才会造成今生在一起的姻缘。世间那么多男男女女，怎么偏偏就你们两个人结婚？这其中总有一些说不出来的道理，中国人把它叫做“缘分”。首先要有机会，有机会两个人才能认识，叫做有缘相识；其次是有关系，只有机会却没关系，只有相爱的缘却没有结婚的分，叫做有缘无分；最后是要持久，不持久的姻缘是在负下更多的债。

【坤道感悟】

婚姻不是儿戏，该是谁就是谁，人力很难改变。

账谁都赖不掉，债谁欠的谁来还。既然有缘

成为夫妻，何不好好把握今生的缘，还清往世所负的债呢？婚姻不是儿戏，该是谁就是谁，人力很难改变。婚姻天成并不迷信，中国人如果连这样的因果都不相信，还能相信什么呢？婚姻需要经营，夫妇需要配合。只有对婚姻抱持命中注定的观念，才会在夫妻的相处中更加懂得珍惜彼此。

夫妻之间结婚以前讲究有缘、讲究相爱。但是结婚以后，这些都不再重要。如果没有缘分，如果不曾相爱，怎么能走到一起呢？但是，相爱很容易，相处却很困难。婚前要找到一个好的伴侣，婚后要做到一个好的伴侣，而且是一生的好伴侣。“找到”跟“做到”不一样，这是婚前婚后的最大差异，也影响着婚姻中的很多基本观念和原则，需要我们仔细体会。

【坤道感悟】

婚前要找到一个好的伴侣，婚后要做到一个好的伴侣，而且是一生的好伴侣。

求同存异彼此包容

婚姻生活可以幸福甜蜜，一旦处理不好，也会充满痛苦和不安。电影里演的都是白马王子碰到清纯玉女，两人一见钟情，共同步入教堂，从此过上了愉快的生活。不要相信电影，那是因为没有人敢拍摄续集，所以才会令人憧憬。哪天续集一出来你就知道了，两个人也是打得一塌糊涂。你没有看到续集，还总认为电影上的就是真实的生活。

女性在结婚以前一定要睁大眼睛，仔细观察，多方打听，看清楚另一半的各种状况。结婚后就应该是睁一只眼闭一只眼，睁一只眼看到另一半和自己相同的地方，彼此志同道合，互相合作；闭一只眼才能够尊重另一半不相同的作风，各有所长，各有所好，才可以互补互惠，也没有什么不好。爱其所同，夫妻志趣相同的部分，要互相鼓励，共同求进步；敬其所异，夫妻习惯、兴趣、态度不相同的部分，也应该互相尊重，彼此欣赏。

【坤道感悟】

一个人老是挑剔别人的缺点，本身就是很大的缺点。

现在很多人是结婚以前眼睛半闭着，婚后才睁开眼睛，那后果可想而知。因为每个人都不可能十全十美，总会有这样或那样的缺点。一个人老是挑剔别人的缺点，本身就是很大的缺点。夫妻之间要懂得求同存异——求大同而存小异，不必要求完全相同，当然也不能背道而驰。学会尊重对方的不同之处，才能做到相互包容，才会夫妻同心协力。

第一，正确看待个体差异，不要总想改变对方。

想想看，两个在不同环境中长大的人，怎么可能完全一样？就算出生于同样一对父母，成长于同样一个家庭里的兄弟姐妹，也不会一样，这就是个体差异。和自己不一样的地方，就是缺点吗？未必如此。两个人能走到一起，一定有一些共同之处。要朝着共同的地方去相处，在求同存异中，建立一些共识，而不是总想试图改变对方。

每一个人对别人，都不会百依百顺，也不能百依百顺。百依百顺，最后就变成奴才了，这是谁都知道的事情。丈夫过分听妻子的话，丈夫就变成奴才，最后自己倒霉；妻子过分顺从丈夫，妻子就变成奴才，最后也是自己倒霉。因为没有人会希望自己的另一半是奴才，那样的婚姻就是一潭死水。

就算你想改变你的丈夫，最好的办法也是先来要求自己，再去要求对方。因为“求人不如求己”，想改变别人只有一条路，就是改变自己。自己不改变，对方永远不会改变。我们总想先从别人下手，结果费尽九牛二虎之力，依然没有效果。因为没有人会因别人而改变，除非他自己愿意改变。

【坤道感悟】
想改变别人只有一条路，就是改变自己。

中国人形容夫妻，常说“不是冤家不聚头”、“欢喜冤家”。夫妻百分之百的一致，比如你喜欢洗碗，他也喜欢洗碗，吃完饭抢着洗碗，其实也不好。有的事情你喜欢做，有的事情他喜欢做，多少有点不同，岂不是更好？互补性强总比同质性高要好一些。

第二，懂得遵循双重标准，不要总去苛求对方。

同样一件事情，别人做错了就很恼火，说人家是投机取巧；下次轮到自己出了问题，就说这是随机应变。同样一个行为，发生在自己身上，会去找出很多理由；而发生在别人身上，就是不肯轻易谅解。有时出于自我保护的本性，明明同意的事情，甚至开始也不会表示同意。这就是中国人，眼睛总是往外长、往外看，很容易看到别人的缺点，却不容易发现自己的问题。

为了弥补这个先天的问题，中国人才会常讲“严于律己，宽以待人”。夫妻之间也要懂得遵循双重标准的原则：多自我期许，少苛求对方。如果对人对己标准都一样，最后的结果就是对别人很严，对自己很松。错误人人都会犯，不能分你的我的。要分也是对自己严格一点，对别人宽松一些。双方都明白这个道理，每个人自动自发地做好自己的事情，婚姻才会有朝气，才会有默契。

第三，时时秉持包容态度，不要总是挑剔对方。

一个人的时候不会有什么矛盾，因为没人可计较，只好努力工作，只好自谋生活。一旦两个人的时候，问题就出来了。我们的牙齿都会咬到舌头，夫妻之间怎么可能没有矛盾呢？除非彼此漠不关心，除非完全没有爱情，只是形式上的婚姻，才会整天客客气气地讲“Hello”。但是，你会因为牙齿咬到舌头，就把牙齿敲掉或把舌头割掉吗？当然不会！那婚姻当中又当如何？

【坤道感悟】

没有人经得起挑剔，只要挑剔毛病一定存在；没有事不可以包容，只要包容缺点也会消失。

婚姻当中，最容不得的是“挑剔”的想法，最了不起的是“包容”的观念。没有人经得起挑剔，只要挑剔毛病一定存在；没有事不可以包容，只要包容缺点也会消失。丈夫脾气很急算毛病吗？有个急脾气的丈夫，就不会连累你出门赶不上时间。先生性子很慢是缺点吗？有个慢性子的先生，才会帮你带全出门该带的东西。

分工配合相互成全

结婚以后，夫妻双方要有一个家庭分工。通常是一个人主外，承担立业养家的重大责任。另外一个人主内，尽心尽力把家事料理好，减少主外那个人的后顾之忧。以前夫妻两个人，一个是主，一个是从。主从是一种隶属的关系，所以我们今天要改变一下，把“主从”变成“主伴”：一个做主，一个陪伴。婚姻其实就是陪另外一半，走完人生的旅程。那么夫妻到底谁做主、谁陪伴，在分工当中要遵循什么样的原则呢？

在谈这个问题之前，我们先来做一个选择题：如果让你去演电影，你喜欢当主角还是配角？要是我的话，我喜欢当配角。下次去看电影的时候用心观察一下，都是主角在挨打，配角在一边看。主角连碗面都吃不成，每次一端起碗来，就有事情找上门来，只有配角吃得安安稳稳。人生是不得已才去做主角，如果可以当配角，尽量去当配角，这叫做自留余地。很多人的苦恼就是一定要去做主角，不愿意当配角，最后辛苦一生。

【坤道感悟】很多人的苦恼就是一定要去做主角，不愿意当配角，最后辛苦一生。

夫妻最要紧的是配合，如果不能配合，就无法分工合理。我们通常主张家庭外面的事情由丈夫出面，以便妻子可以安心操持家务、教养子女。一定要“男主外、女主内”吗？其实丈夫料理家事，妻子打拼事业，也未尝不可。夫妻分工的前提是配合，只要能够站在配合的立场，以全家人的利益为依据进行分工，充分协调并达成共识，至于具体怎样安排，两个人自己衡量就好。所有人都要尊重他们的选择，既不可以要求两个人都要出去工作，也不可以规定某一个人必须守家。但是一定要有一个人以家庭为重，这样才算对家庭有一个交代。

前面已经说过，男女同权不同质——权利相等，性质不同。最大的不同，便是只有女性才会生育儿女。这种不同的质，对于男女家庭分工必然产生重大的影响。我们不能够有性别歧视，却无法改变性别差异的实际状况。所以，男女有别并不是性别歧视，男女平等也不表示男女同质。

很多人认为西方人是最尊重女性的，原因大概有两个方面：第一个，西方人对待女性非常的礼貌，常常会有给女性搬椅子、披衣服之类的举动；第二个，西方人的女权意识强烈，妇女解放运动[1]也是源于西方开始的。

难道女人自己连衣服都穿不了，非要先生给穿才行吗？连椅子都拿不了，非要别人帮忙才能坐吗？中国人不做这样的表面文章，我们讲求的是心跟心之间的感受，而不是形式化的礼貌。全世界没有像中国男人这样，辛辛苦苦赚钱买一栋房子，居然登记太太的名字，但中国人心甘情愿这样做。西方人会觉得很奇怪，怎么还有这么笨的人？西方人夫妻两个人的财产登记得清清楚楚，因为随时可能分开，怎么可以不清楚呢？中国人从来不清不楚，因为根本夫妻就是混在一起。人与人最要紧的是彼此关心，而不是很有礼貌。西方人有礼貌，但是彼此不关心。如果这两个让你选，你会选哪一个？

一个拥有自由的人，自然不会去争自由；一个没有自由的人，才会想尽办法要去争自由，这才合乎逻辑。自古以来中国的皇帝只管两件事情：第一，不能造反，让他们家世世代代当皇帝；第二，必须纳粮，让他们家时时刻刻有饭吃。“天高皇帝远”，其他还管什么？欧洲的皇帝什么都管，弄得民众完全没有自由，才会提出“不自由，毋宁死”。从这个角度可以知道，妇女解放运动之所以起源于西方而不是中国，是因为我们自古以来就没有太大的悬殊。全世界的女权运动者，她们多半并不幸福，

【1】西方妇女解放运动实际上就是女权运动，分为三个高潮阶段。第一阶段，20世纪20年代前后，西方主要资本主义国家的妇女基本上争取到了选举权。第二阶段，20世纪60年代，女性逐渐争取与男性平等的权利，比如同样的薪资报酬等。第三阶段，20世纪70年代至80年代，女权运动形成了各个派别，呈现多样化发展。妇女解放运动的目的，在于使妇女获得了人格和经济上的独立、教育上的平等以及婚姻上的自主等权利。

而且高喊女权运动的声音，最后都消失在厨房里面。

我们后来也兴起过一阵妇女解放运动，主张女性从家庭里面解放出来，到外面去工作。“妇女解放”不仅仅是妇女要走出家庭那么简单，不要被少数人的错误见解所误导。男性的性质比较适合表现，就让男性去表现；女性的性质比较适合表现，就让女性去表现，这才是真平等。两面拉齐，那是假平等。唯有正视性别差异，才能做出恰如其分的夫妻分工，发挥身为男女的各自优势。其实，中国男女地位始终就是很平等的。因为中国是阴阳文化，有阴有阳，看得见的部分好像是男人在做主，看不见的部分都是女人在做主。

【坤道感悟】
唯有正视性别差异，才能做出恰如其分的夫妻分工，发挥身为男女的各自优势。

夫妻分工讲求的是配合，那怎么样才能

合理呢？就是要有“成全”的观念。谁在外面比较有出息，那么另外一个就多承担一些家里的事情，成全对方更加有出息。说得再清楚一点，我们不要规定什么事情谁该做，什么事情谁不该做。双方心平气和地做一个协调，你多做一些这方面的事情，我多做一些那方面的事情，这样就好了。

有一对年轻的夫妇跑来问我：“我们常常因为饭后谁去洗碗吵架，该怎么办才好？”我告诉他们：“很简单！你们自己衡量一下，如果两个人都没有出息，一个人洗一天。如果其中一个有出息，那另外一个全部拿去洗。”总要坚持你洗一天，我洗一天，那就是两个人都没有出息。

中国人介绍自己的配偶，常说“这是我的另一半”。可见男人女人都各是一半，天生就有不足，而并非一个整全的人。只有相互成全，才能彼此整全。夫妻都有成全对方的责任，自己做的多一点，要求对方少一点，否则永远会有缺陷。

生儿育女意义重大

一个人可以一辈子不结婚，这是个人的选择。既然结婚，就表示对家庭有一份承诺。如果不想善尽家庭责任，又何必结婚呢？结婚的目的是多层次的，其中很重要的一项是为了创造新的生命，这是人类天经地义要做的事情。实际上，结婚不过是第一步。我们常把没有生育子女的少年夫妻称为“小两口”。表示结婚之后，还需要迈进第二步，至少生一个孩子，才构成一个完整的家庭。

人的生命是有限的，生老病死是千古不变的定律。如果死后什么都没有留下，就没有办法传承，于是人类就开始有了文化。“文”跟“纹”是一样的意思，文化就是花样。不同的民族有不同的花样，能够被这个民族所接受，就是本民族的文化。中国人有中国人的花样，就叫中华文化；西方人有西方人的花样，便是西方文化。各种不同文化的民族，借以生活方式上的不同，区别于其他的民族。

民族的绵延，有赖于生命的继续。家庭是构成民族的单位，不生子女便后继无人，民族也将难以绵延。但是民族文化的持续和发展，更是民族绵延的要件。一个民族的生生不息，除了人丁兴旺之外，文化的培养尤其不能忽视。要是文化不能精进，势必被其他民族所同化。就算人口众多，也将空有民族的名义，实际上已经不复存在。所以中国人除了生儿育女之外，还要好好教养子女，使其一代更比一代强，为国家和民族做出更大的贡献。

有的女性认为生儿育女会干涉夫妻之间的爱情享受，增加夫妻的各种负担，妨碍夫妻的行动自由，甚至会阻碍夫妻的事业发展。这种天真的想法，不但失去很多人生的乐趣，而且有朝一日产生不一样的念头，已经过了生育的年龄，那时候丈夫还具有生育能力，岂不是增添很多烦恼，出现很大的危机？也有人因为职业而将生育的事情一拖再拖，认为受了那么多的教育，如果不到职场上去做出贡献十分可惜。我们则认为女性应该受到教育，而且应该受到良好的教育，用来教养民族的下一代，这样的贡献更大。男人就算专职教养子女，实际上也远不如女性，千万不要认为在教养子女方面的贡献小于到职场上工作。等到年纪大了，才发现自己年老珠黄，生命又无人延续，因而悔恨，深深觉得歉疚，恐怕已经太迟了。

夫妻之间彼此恩爱，可是两个人看来看去，时间久了难免会有些单调。一旦生育子女以后，会在共同教养这个新生命的过程中，不断增加相互的感情、默契和责任感，家庭关系就会越来越稳固。一个人的爱情和婚姻，其实是寄托在这种生生世世的关系之上的。没有子女，对婚姻来说就少了一份乐趣，也少了一层保护。若是夫妻二人由“相看两不厌”，变成“雌雄不两立”，婚姻就很容易破裂了。

工作只是生活的手段，而不是生活的目的。人不能始终挣扎在生存的边缘，但是解决了生存之后，还去继续追求浮华的生活，那是跟自己过不去。衣服要那么多干什么？吃那么好干什么？天天山珍海味，吃久了也会腻。很多人吃饭的时候，筷子举得高高的，看着那么多的菜，却不晓得要吃哪一个，这种人活着有什么乐趣？人常常觉得自己很有办法，却往往把自己逼得无路可走。

子女是等到年纪大了以后，才会觉得以前的辛苦都是值得的。年轻的时候觉得孩子是累赘，但是到年纪大了就不一样了。因为人总会老，老了以后靠谁？你可以请护士，她一下班就走了。不管我们请谁，都不是亲人，不虐待就不错了。如果决定这一辈子不要生儿育女，那等年老了以后就不要埋怨。天底下只有自己的子女是最可依靠的人，道理就是这么简单。

唯性婚姻不会持久

人类是动物的一种，在本能方面跟动物有很多相像的地方，也有一些不同之处。动物之间发生关系，只有一个天命，就是延续后代。动物一年当中只有很短暂的发情期，甚至有的动物一年难得有一次，那是老天对动物一种特殊的保护。但是老天对人没有做这种事情，人的性爱冲动可能随时随地发生，不论季节、不论时间、不论场合，甚至一天冲动几次都有可能。人的生物性得不到控制，那就跟猪狗是一样的，甚至比猪狗还不如。现代人很糟糕，把延续子孙这个神圣的任务抛开，性爱纯粹就是追求享乐、追求刺激。除了性的结合，没有共同的兴趣，也没有其他的目标，这种婚姻就叫做唯性婚姻。

冲动是所有动物都会的事情。但人是万物之灵，总是要跟动物有点不同。因为除了动物所有的本能之外，人还有创造力、意志力，可以自己做决定。一般动物在任何场所，都可以随着生物性的冲动进行交配。人类则只有在自己的房间里面才能够进行性行为，大庭广众之下必须有所节制。现在年轻人学西方人的一套，两个人当街抱在一起热吻，那就是自贬身价，往生物性的层面上倒退。老实讲，男女接吻是谁都会的事，用不着在街头表演。一个人不顾自己的形象，不仅自己丢脸，更是往父母脸上抹黑。

当一个人把自己提升到万物之灵的层次后，就应该懂得用理性来疏导自己，用理性把自己引导到一条文化的途径上去，这是人跟动物不一样的地方。因为夫妻之间除了性爱，还要有共同的目标，比如要建立起一个好的家庭，要生儿育女等等，这才是我们的责任。

以前新婚的夫妇，新娘要回娘家住一段时间，就是让两个人冷静冷静，不要天天去想那种事情。要不然自己不懂得去节制，很快就力衰情竭了，而且还会对性爱产生厌恶感。千万记住，蜜月蜜月，是说甜甜蜜蜜的第一个月后，有了个好的开始，然后一直持续下去，才叫蜜月。一个卖饼干的老板，不会告诉新来的伙计“饼干是要卖的，不能偷吃”，而是会说“这是我们自己做的，想吃就吃好了”。这很容易理解，一样东西吃多了就腻了，根本不想再吃。

唯性婚姻是不会持久的。结婚除了性爱以外，还应该赋予更多的价值，这样的性爱才具有文化的意义。一旦有了文化的意义，性的关系就会变成甜蜜的果实。到底是要甜蜜的果实，还是苦恼的来源，或是变得毫无感觉，都是每个人自己选择的结果。

第四章　相处之道

——相互包容以敬养爱

中国人常说“嫁鸡随鸡、嫁狗随狗”，这句话最早是男人讲出来的，还是女人讲出来的？绝对不是男人。如果是男人，一定讲“嫁龙随龙、嫁虎随虎”，不会把自己比作鸡和狗。说到底，根本就是女人讲的。女人很高明，“嫁鸡随鸡，嫁狗随狗”，一方面夸男人，一方面贬男人。这是什么道理？

人类社会最早以女人为中心，就像现在依然保留着母系习俗的摩梭人[1]——无男子娶妻，无女子出嫁；子女只知其母，不知其父。一个社会如果以女人为中心，男人会越来越懒惰。想想看，当女人怀孕以后，甚至是孩子出生了，男人可能就离开了。一个女人既要操劳生活，又要抚养子女，当然十分辛苦。而男人完全没有责任，就不需要努力，一人吃饱万事大吉，社会生产力会越来越低。

女人在体力方面比不过男人，要让一个不愿工作的男人勤奋工作，让一个不负责任的男人变得很有责任感，是件高度困难的

【1】生活在云南省的摩梭人，被公认为母系氏族最后一块“活化石”。摩梭族实行“走婚制”。男子只许夜晚去女子家，次日清晨必须离开女方住屋。摩梭族的男人轻松无压力，孩子称呼自己的生父为“舅舅”，跟从母姓，终生生活在母亲身边。

事情。在这一点上，我们不得不佩服古人的智慧。远古时代有一个叫做伏羲的人，他就在想：怎样才能提高男人的责任感和生产力，为家庭做出更大的贡献呢？伏羲氏非常了不起，他只用了两个字就做到了——贞操。因为男人都有一个奇怪的想法，自己在外面沾花惹草，他并不认为不对。可是一旦太太跟别人有什么来往，醋劲就会很大。伏羲氏正是看到男人重视女人贞操的特点，逐步将母系社会引向了以男人为主的父系社会，使女人安稳于家庭，家庭以外的事情由男人来承担。这样一来，男人在婚姻中的责任感就得到了极大增强。

通过贞操保护自己

贞操看似是很虚无的东西，但是它的力量非常巨大。所以伏羲告诉女人：用贞操把男人的鼻子拴住，然后让他一辈子心甘情愿地为女人当牛做马。很多人认为贞操是给女人的一把枷锁，是对女性的一种歧视；往往听到“贞操”一词，十分不屑：都什么时代了，还来讲贞操？其实懂得贞操真正的用意，片面的认识就会改变。

我们所强调的是，男女双方都要具有贞操的概念，都要重视贞操的观念。男人如果没有忠贞的想法，女人拿他根本毫无办法。你能总是寸步不离地跟着他吗？就算可以，你又能管得住他的想法吗？所以聪明的女人会跟男人说：“我这一辈子就跟定你了，生为你的人，死是你的鬼……”你对他这样，他还好意思乱来吗？于是他就没有办法了，就开始死心塌地地为你当牛做马。除此以外，还有更好的办法吗？

我们如果只用贞操评价女人，当然有失公平。婚姻幸福要靠夫妻双方都很忠贞，而不是单方面。老实讲，单方面是没有用的。因为人都会比较，你一天到晚花天酒地，我为什么要守在家里？你交一个女朋友，我就不会交一个男朋友吗？最后闹得大家不欢而散。但是，既然贞操是女人的法宝，就要懂得自己率先做起，然后通过自己的行动，帮助男人树立和增加贞操的观念，从而共同保持彼此忠贞。现在最可怕的，是很多女人追求浅层次所谓的男女平等，认为“既然男人可以不重视贞操，那女人也可以不重视贞操”，这对女人是非常不利的。

重视贞操是婚姻幸福的前提，也是家庭和乐的保证，这些不是旧有观念。记住一句话，人再怎么了不起，也经不起时间的考验。

岁月催人老，人会变老，爱情也会褪色，所以仅凭爱情的婚姻是不会持久的。人老了以后，不会一天到晚说我爱你我爱你，自己听起来都会感觉肉麻。爱是从心里迸发出来的、用行动表达的关怀，如果没有这种关怀，那么口头上的爱只是形式。彼此关怀是一种真情，这种真情既纯真又唯美。什么叫做美？美是彼此生活在里面，会感觉到很愉快、很幸福，这就叫做美，就叫美满。每个人都想美满，那就要一生只恋爱一次，一生只结婚一次。从这里也可以显示出中华民族特有的伦理精神。这是一种高超的艺术，全世界都找不到第二个，不能轻易在我们这一代人的手中淹没掉。

每个人一生的幸福都跟忠贞有关。士兵的忠贞是指为国家你可以牺牲生命，但是夫妻之间的忠贞就是你守着我、我守着你，你心中有我、我心中有你。这种守，不是守一段时间，而是守一辈子，两个人真正融合成为一个整体，同甘共苦，荣辱与共。中国人会喜欢鸳鸯，就因为它们寓意着相亲相爱、忠贞不渝。尤其今天艾滋病这么严重，还要去随便跟别人发生关系吗？越是有艾滋病的人越是隐瞒，越是不让他人知道，越是恨不得传染给别人。老实讲，我们今天已经到了非得老天来约束只能有单一性伴侣不可了，这是很可悲的一件事情。

有人说保持贞操很难，但最起码要维持相当的情操。婚前每个人都有自己的自由，婚后两个人谁都没有自由。结婚是一个全新的开始，这句话非常重要。以前怎么样那是以前的事情，从现在开始要重新做起。不管是前夫前妻，还是以前的恋人，过去的一切都已经过去了，千万不能继续来往，而且最好连提都不要提。把以前恋人的照片拿出来，给现在的另一半看，不是存心找茬吗？所以每个人都要懂得尊重对方，约束自己。

自己不提以前的事情，对方的事情也少提。多少男人笨得不得了，听到太太说：“我们结婚时间这么久了，我对你怎么样你也很清楚，给我讲讲你以前的女朋友吧，我不会往心里去的。”男人信以为真，就真的开始讲了，而且还没完没了地讲一大堆。没等讲完，太太一个巴掌拍过去：“叫你讲你就讲，还讲那么多，可见你心里还在想她。”这样的男人就是笨，没有就是没有，打死都没有。这不是欺骗，其实双方都不去想、不去提，有跟没有又有什么区别？慢慢不就真的变没有了吗？

既然心甘情愿跟他结婚，就要包容他以前的一切一切。有事没事总提及婚前的事情，一天到晚算前账，没有什么好处。不能让以前的事情，来破坏现在的生活，更不可以过分地疑神疑鬼。先生稍微晚回来一会儿，就穷追猛打，非要弄清楚去哪里了，这会让对方感到不被尊重。适度的怀疑、适度的嫉妒是关心，过分的怀疑、过分的嫉妒谁都受不了。婚前的事情过去就过去，从现在开始做对就好了。

【坤道感悟】

适度的怀疑、适度的嫉妒是关心，过分的怀疑、过分的嫉妒谁都受不了。

授衔家长套牢男人

现在很多人在教堂举行婚礼，神父大声问，“你爱她吗”，“爱”；“你愿意娶她吗”，“愿意”；“你愿意嫁给他吗”，“愿意”——然后三个月离婚了，这不是自己骗自己吗？随着年纪的增长，很多人请我去证婚。别人证婚都是讲一些客套话就算了，我会一本正经地问新郎新娘：“你们为什么要结婚？”十有八九都回答不出来。两个人要结婚了，却不知道为什么要结婚。

男人到底为什么结婚？有人回答是为了传宗接代，那是骗人的。结婚以后只能跟一个女人生儿育女，万一娶个妻子不能生育，那还怎么传宗接代呢？男人如果纯粹为了传宗接代，最好的办法是不结婚，那就可以跟很多女人生很多小孩，这才真的叫做大量生产，真的对得起祖宗。也有男人会说，是为了感情寄托，那也是笑话。女性婚姻感情寄托的成分很高，可在男人眼里，爱情的比例是很小的，都是要事业、要权力、要名誉，哪里会像女人一样看重爱情？要不然怎么负心汉一大堆？

【坤道感悟】

智慧的女人一方面用贞操来保护自己，另一方面用家长的头衔『套牢』男人。

男人结婚就是为了一个穷极无聊的头衔而已，叫做家长。过去的女性绝对是有智慧的，一方面用贞操来保护自己，另一方面用家长的头衔“套牢”男人。一只老鼠跑到了屋里，妈妈什么都不做，只要一个举动——“啊”一声躲到一边，就什么事都不用再管了。爸爸这时就会抄起棍子去抓老鼠。孩子问爸爸：“你不怕老鼠吗？”爸爸说他也怕。“怕你怎么还去抓呢？”爸爸说妈妈比他更怕。爸爸那也是在说好听的，他是当了家长不得不去抓。如果男女平等，那就是你抓一只、我抓一只，最后两个人都累得要死。

在美国很多场合，几个家庭聚在一起，起来做介绍的统统是女性：“这是我的先生，这是我的大儿子，这是我的小女儿……”我很好奇，就问那位男士：“为什么是你太太做介绍，而不是你？”他说：“平常我讲话讲太多了，现在让她讲。”这当然不是真话。我们讲的话不一定都是真的，但也不是欺骗，只是讲比较好听的而已，真正的话大概谁都不会说出来。后来慢慢琢磨我才知道，不管先生怎么介绍，太太总有意见，所以美国男人只好选择放弃，就让太太介绍好了。

我和太太一起外出，没有一次是太太出面，都是推给我来介绍。如果她做介绍，我就会很轻松，还可以在一旁说说风凉话。可是太太不讲，那就要我来讲了，我就开始伤脑筋了，要考虑怎样介绍比较合适。若是讲错了，回去还要接受太太的拷问。大家把这个衡量一下，就会知道谁比较聪明。

我们形式上让爸爸做主，用一个虚名让男人为家庭尽心尽力。这样的阴阳配合，是一种非常高明的设计，是中国人最聪明的表现。所以女性在任何场合，都应该尊重自己的先生，维护男人家长的形象。现在的男人为什么越来越没有责任感？其实是女人越来越不聪明。男人只要不被重视，就完全没有责任感。这些不是靠教会，而是要自己悟到。女性从这个角度好好琢磨一下，然后实际去运用，就可以改变家庭的生活气氛，收获很多良好的效果。

父母双方对子女都有教养权，却由于男女有别，各有不一样的特质，所以需要表现出不相同的角色扮演。多少妈妈都会跟小孩说："再不听话，等爸爸回来，你就知道屁股疼的滋味了。"这就是妈妈在树立爸爸家长的威严。

孩子回家问，自己要去郊游，或者去远处旅行，可不可以？聪明的妈妈就算有主见，也不必说出来："等爸爸回来你去问他好了。"爸爸不同意，孩子就会问他，为什么不可以去？省得妈妈一个人伤脑筋。爸爸说可以，孩子就会跟爸爸要郊游买零食的钱，让爸爸掏腰包就好了。像这种事情怎么就不会做呢？在子女的面前，把最后的决定权让给爸爸，他就会乖乖地负起责任。

我的妈妈就是一直让爸爸当家长，所以有的事情都让我们问爸爸：要钱问爸爸，习题不会做问爸爸，受伤了问爸爸……她就三个字：问爸爸。谁叫爸爸要当家长呢？我还记得我妈妈常常跟爸爸讲一句话：“哎，快没钱了。”一听这话，我爸爸就紧张了。我从来没有听爸爸说“没钱了，你去赚呀”，妈妈厉害就在这里。

什么叫先生？先生就会先死，嘴上讲得好听叫“先生”，背后的意思就是先死嘛。当你发现另外一个人比你先死的时候，你会不会对他好一点呢？当然会。这其实也是个玩笑而已，但是仔细想想看，家庭生活当中，上上下下实质上都是以妈妈为主的，母亲是一家人的灵魂。如果还要自己再当家长，当然十分辛苦。人通常拥有足够的自信，才会去尊重他人。女性对自己有信心，才会甘于让先生做家长。我们应该有这样的理解，这不是说好听的欺骗自己。而且尊重本来就是相互的——尊重别人，就是尊重自己。当女性处处维护丈夫家长的形象时，不仅自己会很轻松，还会有更大的收获，那就是为丈夫所敬重。我们说过尊重是相互的，一定不是单向的。如果那样，还谈什么同权不同质？

现在的女人连家长都不让男人当，非要把所有重担都往自己身上挑，有这个必要吗？家长只是个空头衔，印不到名片上面去，也领不到任何的薪水。女人连这点最起码的东西都不给男人，怎么能让他尽心尽力？我看过很多本来甜言蜜语、情投意合的男女，就是因为女人连家长都不让男人当，男人因此丧失斗志就离开了。

相敬如宾方会持久

夫妻要懂得尊重对方，相敬如宾的婚姻才会持久。敬，就是看得起的意思。你要看得起你的另外一半，你的另外一半才会看得起你。彼此看得起，才会都有尊严，才会都很自爱、很自重。想想看，我们对客人、对同事、对朋友都很好，就是对自己的另一半很简单、很直接，甚至粗暴野蛮，这怎么可能长久呢？

人总有自己的一些感受，总有自己的一些事情。每个人都有自己不愿意说出来的那一部分，你要懂得尊重。若是对方真的把所有的都说出来，其实你也受不了。丈夫心情不好，就让他单独安静一会儿，他自然会自己恢复。夫妻相敬如宾，就会知道相互还是要有个安全距离的。而不是既然是夫妻，彼此什么都要知道，彼此什么都可以说。

很多年老的夫妻在一起，其实是没有什么话可讲的。在一起几十年了，该讲的都讲完了。他们默默地守候在一起，就是一种幸福。因为彼此想什么对方都知道，根本不用多说话。直接、清晰、坦诚，是人与人沟通的目标，但不是一开始就能做到的。特别是在婚姻方面，恐怕更不容易。人与人之间的关系是渐进式的，开门见山、有话直说，要经过一个过程，彼此认识比较深入了以后才可以。如果一开始就采取这种态度，这种婚姻也是很容易破碎的。所以，任何事情都要一步一步地来，夫妻需要多年的经营，才能够达到这种境界。

两个人长期分开不好，两个人整天在一起，更容易出问题。中国人常常讲的“小别胜新婚”，就是夫妇偶尔离开一下，再聚到一起，就有很多新鲜感，有很多新话题。彼此尊重，就是让对方一天当中，一个周当中，一个月当中，或者一年当中，可以有一小部分时间做自己的事情。很多男人说不喜欢太粘人的女人，就是这个道理。

我们常常把尊重对方的感受用于外面的人，反而认为与自己的另一半关系亲密，不需如此，这是最要不得的。比如妻子需要丈夫帮忙准备一些东西，如果用命令的语气直截了当问丈夫：“东西准备好了没有？”丈夫心里多半会不痛快：我这么忙，还要替你准备，你自己不会吗？妻子只要换一个角度：“如果来不及准备的话，也没有关系，我另外想办法。”丈夫一定会说放心好了，而且做起来还很高兴。

一般人都认为中国人很被动，其实中国人最喜欢自动，反而最讨厌被动。妻子尊重丈夫，丈夫就会自动地去做事情，丝毫不会计较。举个例子，妻子吃完饭，二话不说就走开了，丈夫心里一定想：你吃完起身就走，分明表示洗碗一定是我的事。如果太太懂得一些礼貌，吃完饭就开始准备收拾碗筷，丈夫一定问：“你要干什么？”妻子说:“我要洗碗。”丈夫说：“你去看会儿电视吧，碗我来洗。”妻子尊重丈夫一下，丈夫就很愿意去做。如果摆明这是他的事情，丈夫就一肚子火。一个是让丈夫自动，一个是让丈夫被动，就差那么一点点而已。

中国人讲理不讲理，是有条件的，完全看有没有面子。只要你给我面子，什么事情都好说，什么道理都可以讲；一旦没有面子，就会恼羞成怒，没有任何道理可讲。一个会做人的妻子，在人前一定要让丈夫有面子，让他有做家长的尊严。在外面有什么问题，回家以后关起门来再说，而不是当场就开始理论。夫妻暂时有点小矛盾，即使在家里不说话，到外面也要让丈夫的面子过得去。一定要表现给所有的人看，那是跟自己过不去。

很多时候，会有人动别人丈夫的脑筋，就是看到他们的夫妻关系存在问题，才会想到乘虚而入。前面说过，中国人是交互主义，妻子敬重丈夫，维护丈夫的家长形象，丈夫自然懂得把功劳归功给妻子。公婆一定也会觉得，能够娶到这样的儿媳真是幸运，全家人都会全力地支持你。只要丈夫常常跟外人讲，我们家的事情都靠太太操劳，孩子有今天都是她教育得好，我的父母对这个儿媳非常满意……这样别的女人还会经常产生闯入的想法吗？

爱情是需要培养的，相敬如宾便是爱情的滋养品。爱情付出以后，要不断地灌溉，不断地孕育，才会不断地成长。以敬来养爱，爱情才不会枯萎，才能在婚后还能保持恋爱中的感觉。这也是一种经营，就像经营事业一样。通过经营培养，让夫妻二人的相处越来越好、越来越顺。这是人生一个很美好的过程。

相互规劝乃是责任

前面说过，任何人都不会十全十美，所以夫妻对于彼此的不足之处要包容，不能相互指责。但是对于一些不良习惯却不能纵容，而要相互规劝。这就是一阴一阳之谓道，对象不相同，态度就会有差别，方式也会不一样。规劝最好的场所是卧房，只要有第三者在场，谁都很难接受。而且最好点到为止，留点余地让对方自己慢慢改变，细水长流才是人生的途径。谁也没有讲赢一个中国人的把握，因为我们的道理是变化的。

【坤道感悟】谁也没有讲赢一个中国人的把握，因为我们的道理是变化的。

人要养成一项好习惯，需要一个比较长的过程。但是沾染一种坏习惯，却是一瞬间的事情。发现有什么风吹草动，就算不能马上判断对错，但是最起码要有足够的警觉性。很多男人刚开始在外面偷偷摸摸，太太发现后完全没有反应，他就开始变本加厉。先生变坏，太太是有责任的，因为没有及早去劝阻他。中国人本来是警觉性非常高的民族，可是现在越来越低，就是因为我们死读书，过分重视书本知识，越来越不会运用道理的结果。

小毛病比较容易改，等到变成大毛病的时候，再想改正就非常困难。比如发现先生吸毒，太太要不要马上讲出来？老实讲，小事情可以马上讲，大事情不能马上讲。先生吸毒也不能先跟婆婆讲，因为她不会相信自己的儿子是这样的人。所以要换种方式先跟公公说："他从来没有这样过，很可能是朋友栽赃放在他口袋里面的。”太太这样讲，做公公的听了不会伤面子，也比较容易听得进去，然后他自然就会找儿子去谈。

先生回来问“是不是你去告诉的”，太太也不能承认。这不是欺骗，而是对全家人好，出发点是为了让事情圆满地收场而已。等到事情解决之后，全家人都会觉得这个媳妇很难得。再讲一遍，绝对不可以存心欺骗，只是顾虑到很多事情，不说实在话而已。所以一句话要想讲到有用，要想讲到能够解决问题，一定要动脑筋。事情随时可以讲，但是事情越重要越要抓住时机、找对人才可以讲。孔子讲得非常清楚：人不对不能讲，时间不对不能讲，事情不对不能讲。现在很多人想到就讲，而且到处都在鼓吹自己有话实说，这样只会制造问题害死人。

“清官难断家务事”，一家人的事情只有靠他们自己去解决。我们只能尊重，不能加以干预。夫妇讲究的是配合，而不是好坏。每个人的看法不一样，什么是好坏，谁也不知道。他们两个很配，他们两个很投缘，他们两个很谈得来，至于他们的共同点是什么，那是他们自己的价值判断，不是第三者所能够加以论断的。所以如果随便去批评别人的爱情，随便去干预别人的婚姻，基本上是不正确的态度。夫妻相处当中，时间会化解很多事情，不必急于一时。有什么问题，明天还可以见面，明天再说就不行吗？经常经过一个晚上，彼此的想法就改变了，什么问都没有了。记住，凡事都不要着急，时间是解决问题最好的方法。

听得进去才是沟通

每个人下班回家之前，都不会准备到家就跟对方大吵一顿，心里想的都是要好好相处。可是天天吵架甚至打架，搞得两老跟着操心、孩子莫名其妙、邻居不得安宁的大有人在，这就是夫妻沟通出了问题。虽然相互规劝，帮助另一半不断提高是夫妻双方的责任，但是在沟通上一定要注意技巧，相互适应才能摸索出一条路来。换句话说，能讲得对方听得进去，就算成功了。其实所谓的摸索，就是要站在对方的立场，顾虑对方的感受，找到能让对方听得进去的方式，就这么简单而已。既然原则简单，就多举几个案例，以供参考和揣摩。

【坤道感悟】站在对方的立场，顾虑对方的感受，找到能让对方听得进去的方式。

在台湾的校级军官中，中校跟上校的军帽差别很大——上校的帽子上面有花边的装饰，很漂亮。有一个中校军官升任上校以后，没有跟太太直接讲，准备给她一个惊喜。回家以后，他戴着上校的帽子，故意在太太面前晃来晃去，可太太就是没有看到。后来他见太太在往冰箱里拿东西、放东西，就把帽子规规矩矩地放在冰箱上面。太太来回开关冰箱几次，还是没有看到。他气不过了，心想：你平常说关心我，根本都是假的。

吃饭的时候，先生也不吃饭，坐在那里一动不动。太太问他："怎么了?"先生说："怎么了你不知道?"太太问："你到底怎么回事?"他说："你自己不想一想，还好意思问我。"两个人就这样怄气着。太太说："哎呀，少来这一套，你有什么话就说。"先生大声说："我今天升职，换了那么漂亮的帽子，你都不在意，放在冰箱上你还是没有看到，平常口口声声说关心我，根本没有一样是真的。"

太太听后哭起来了，哭得很伤心。太太哭是因为感觉对不起先生吗？根本不是。太太边哭边说：“你说你换了新帽子我没有看到，那我问你，我今天早上烫了头发做了新发型，你看到了吗？长在头上拿不下来的你都没有看到，戴在头上拿得下来的我怎么就要看得到？你还好意思责怪我？”

人的立场不一样，感觉就会不相同。很多事情都是这个样子，夫妻之间如果用自己的立场去断定对方，每个人都会有一肚子的怨气。更奇怪的是，夫妻常常因为一句话就会吵起来。再来看一个案例，可能会了解得更清楚。

一位先生刚踏进家门，太太就急急忙忙地告诉他：“有三个电话很重要，你赶快给人家回一下。”先生听了，一脸的不高兴：“我忙碌了一整天，难道不能让我稍作休息再说？”太太看见先生这样反应，觉得一番好意反而被误解，也是一肚子不愉快：“我跟你说过了，要不要回你自己看着办，好像我多事一样，其实我才懒得管。为了你好，还要看你脸色，我真是自讨没趣！”

先生火气更大了：“你总该让我休息一下，起码喝口水吗？不反省自己，还来怪我。”“我还有很多事情要做，怕万一忘了耽误你的大事，这才马上告诉你，你居然怪起我来。”“你是一堆事情，我难道不是一堆事情吗？”“你做了很多事情，难道我还要在门口欢迎你吗……”有没有发现，本来是一句话的事情，后面却越扯越多。

没过几天，同样的情况又出现了。有了上次的教训，这回太太就记住了，把三个电话记录下来放到桌上，先生回来一句话也没有说。先生脱下西装，摘掉领带，坐了一会儿，突然看到桌子上的电话记录，直接暴跳如雷：“这么重要的电话，你竟然不告诉我，你在家跟不在家有什么两样？”太太更加委屈了：“你这个男人也太难伺候了，好心告诉你，你不高兴；不告诉你，你火气更大。我找你真是瞎了眼……”这是谁的错？就是不懂得如何沟通的错。

聪明的太太知道电话很重要，不能不告诉先生，但是直接告诉他，他又会发脾气，那怎么办？很简单，太太就准备好一块热毛巾，先生进门后二话不说，先把热毛巾递上去。先生就会问：“有什么事吗？”因为平常根本没有热毛巾，今天有这样的待遇，必然是有事情。

太太一定要说：“没什么事。”先生更不信了：“怎么会没有事呢？你说呀。”太太还是不告诉他：“你今天累一天了，等你休息一下再说。”先生等不及了：“今天单位事情少，我一点不累，你赶紧说吧。”然后太太再告诉他：“这里有三个电话，需要你来回……”这样还会吵架吗？

现在很多人赞成直来直往，直来直往其实就是目中无人。说得再难听点，就是认为自己最了不起，完全不把别人当人看。有人说我个性很直，很直又怎么样，直就可以伤害别人吗？中国人常讲“少年夫妻老来伴”，年少的时候是夫妻，等年纪大了就不再是夫妻，而是伴侣了。人生最懂你、最可贵的，就是老来相伴的人。因为两个人一路走来，所以比较容易相互包容。但是就算是老伴，讲话也不能不注意方法。举个例子，老两口要一起出门，太太不喜欢先生身上穿的这件衣服，若是直接让他去换一件，先生就会翻脸：“你自己出去吧，省得嫌我给你丢人。”可是如果太太说：“你的这件衣服很稳重，不过上次你穿那件夹克出去，大家都说显得很年轻……”可能不等太太说完，先生立马就去换上了。

夫妻吵架要有效果

夫妻心平气和当然最好，但是人都有情绪，尤其在外面承受了很多压力，如果回家还压抑自己，到最后身体一定完蛋。人完全不生气不是好办法，过分生气更加糟糕，懂得适当宣泄、适当发脾气才好。有人问我：“你跟太太会吵架吗？”当然会，夫妻没有不吵架的，只是吵多吵少的问题。但是我们常常为了没有价值、没有意义的事情争吵，而忽略了有价值的东西。吵架有效才吵，没有效果还吵什么呢？

第一，以夫妻这么密切的关系，绝对不可能不吵架。

夫妻不可能不吵架是一个事实，双方必须都要有清楚的认识。人有关系才会吵架，没有关系根本不会吵架。甚至关系越亲密，彼此越关心，就越可能吵架，这叫做爱之深责之切。别人的先生做错事情，当笑话看看，一笑也就了之了。但是对自己的先生，感觉一定不是这样。夫妻最可怕的反倒是不吵架，真的我不关心你，你不关心我，那就不必吵架了。真到那种程度，夫妻已是名存实亡，因为都已经心灰意冷了。

第二，吵架是解决问题的方式，绝对不能轻言离婚。

说过了要认清的事实，我们再来说一个基本的观念。夫妻双方一定要有一个公约：不要轻言离婚。好不容易恋爱结婚，甚至还有了小孩，没有理由离婚。夫妻只要都没有离婚的观念，就不会有吵到最后不可收拾的顾虑，那就可以放心地吵。说得再清楚点，脑海里面没有离婚的观念，才有吵架的资格；脑海里面存在离婚的观念，根本没有资格吵架。其实可以放心地吵架，也是一种享受。夫妻都把话讲出来，问题就解决了，这比什么话都闷在心里不讲，看起来好像很和谐，实际上很虚伪的夫妻强多了。夫妻有了“可以吵架，但不会离婚”的观念，再来研究怎么吵，才是比较实际的。

【坤道感悟】

脑海里面没有离婚的观念，才有吵架的资格；脑海里面存在离婚的观念，根本没有资格吵架。

第三，火气大时更需要冷静，冷静才有办法讲道理。

中国人情绪稳定的时候，非常讲道理。可是一旦生起气来，完全无理可讲。回想一下，我们吵架的时候，经常指责对方：“你怎么这么不讲道理？”对方的反应也往往是：“你把我气成这样，还叫我讲道理？”一个聪明的人，先把情绪管理摆在前面，然后再想办法解决问题。夫妻吵架不要急着去讲道理，先把对方的情绪冷静下来。降温以后再讲道理，对方才会听得进去，才会接受。在气头上的时候，急着去讲道理，那是徒劳无功的，而且还会让对方越来越生气。

【坤道感悟】夫妻吵架不要急着去讲道理，先把对方的情绪冷静下来。

双方一定要记住，当一方声音很大的时候，另一方不要也跟着大，更不能比他还要大。我们往往会犯这个错误，最后屋顶可能就被震没了。夫妻最好约法三章，有一个人声音大的时候，另一个人声音就小一些，他还好意思再大下去吗？一定也会小一点。这样一来二去，情绪就慢慢降下来了。他声音大，你声音跟着更大，这是谁都会的事情，没有什么稀奇；他声音大，你声音就小一点，这个才比较难得，彼此就比较冷静。这招是不是每次一定奏效？也不见得，但至少可以化解很多事情。

其实两个人互相吵还算不错的，真正的悍妇根本不跟先生吵，她把窗子都打开，然后对着外面大喊大叫：“各位邻居，各位大伯，各位大嫂，你们快来看看，我先生又要打我了……”遇到这种情况，什么样的男人都会傻眼。

第四，就事论事不要争对错，注重改进自己先做起。

夫妻吵架经常喜欢翻总账，把以前的事情抖搂出来，讲个没完没了，这点很糟糕。今天他做错了，讲他如何如何，他可以接受。非要把昨天的事情也翻出来，把上个月的事情也拿来讲，甚至说他从结婚的时候就没存好心，他就会觉得很反感：事情都已经过去了，你还有完没完了？最后的结果，只会令他对现在的事情本有的过失感整个冲没了。

今天出现了问题，就说今天的问题，而且两个人也不要去争辩谁对谁错。碰到问题要想怎么去弥补，怎么让事情往好的方向发展，而不是把对方检讨得一文不值才尽兴。事情讲到对方听进去了，自己心里知道错了，就要适可而止。再讲下去，就会逼对方撕破脸皮，就是逼他回头反咬一口。

人了解自己的错误很容易，但是要他去承认很困难。中国人嘴巴上经常是死不认错的。其实只要心里头有认错的感觉，行动上就会有相应的调整，何必一定要对方口头上承认错误呢？我们不像西方人，常常将“I am sorry”挂在嘴边。“你平常辛苦了，这件事情你也不是故意的”，这不就好了吗？一定要他给你认错，一定要给你道歉，那最后可能全都变成假的了。

【坤道感悟】人了解自己的错误很容易，但是要他去承认很困难。

我们同时也要了解，只要你先认错，对方就比较容易认错。你说：“这是我的错，我对你关心不够。”先生一定讲：“哪有这样的事情，你照顾家庭已经够忙的了，这是我的错。”你一直骂他，他也一定一直骂你；你说他错，他也一定挑你的毛病，觉得是在把所有责任都推卸给他。所以，最起码每个人都分担一点。想想看，会谈事情的人，碰到问题大多会先说这是自己的疏忽，对方一定说“哪里哪里，我也有责任”。大家都有错，都有面子，事情就很容易摆平。两方面都不认错，都僵持在那里，最后肯定没有好结果。

第五，生气的时候话无好话，用脸色表达更加合理。

夫妻都要慢慢训练自己一种修养：生气的时候不讲话。谁生气的时候都是话无好话，除了火上浇油，刺激对方，没有什么其他作用。中国人最高明的就是不讲话，用脸色来表达自己内心的情绪。只要你脸色不好看，对方看到之后，马上就会调整自己的做法，你的目的就达到了，还讲话干什么？若是用脸色表现出来，所有人还不理睬，再发脾气也不迟。

先生想发火之前，控制住自己的情绪，不要口出恶言，板起脸来试试太太的反应。太太看到先生今天的脸色不正常，就要反思自己有没有不足之处，找到以后立即调整。事情一旦解决，先生的脸色自然就会恢复平常。哪天太太脸色不好，做先生的也是一样，赶紧帮她多做点事情，再来看看太太的脸色有没有缓和。

在没有做出调整的行动之前，谁都别上来就问对方为什么脸色不好看，人家克制住情绪已经够尊重你的了，为什么还要不怀好意地去刺激对方？本来只是有点小小的不满意，你越刺激他，他就越生气。到最后控制不住了，就又变成吵架了。有了行动以后，对方自然会感觉到，这时才可以再去问问是不是这方面的原因。因为对方的情绪已经平静许多了，不至于再起争吵。夫妻之间只要能够做到多观察少讲话，多谅解少责备，就可以减少很多摩擦。

中国人其实从小就很会察言观色。一个美国的小孩子听到爸爸回来了，他并没有太多想法，直接就会跑到爸爸怀里去。中国的小孩子才不会那么笨，听到爸爸回来了，他会先看一看爸爸的脸色对不对。如果一看有点不对劲，赶快调头就往自己房间跑。他心里会想：既然爸爸心情不太好，那就离他远点才比较安全。万一爸爸又想起上个月被我碰碎的那个紫砂壶，挨顿打不还是自己屁股疼？这就是中国人厉害的地方，摸清楚情况以后再出手。

第六，不要批评对方的父母，不要议论对方的家人。

夫妻双方都不要去批评对方的家长、议论对方的家人，这是最起码的修养。只要太太在先生面前骂他的弟弟，先生不会说自己的弟弟怎么样，但他一定会讲太太的哥哥怎么差劲。这是交互主义，你可以批评我弟弟，我就可以批评你哥哥，然后就鸡犬不宁，可能连两家人都牵连进来。

夫妻对于两个家庭之间的关系有一个原则：彼此不能批评对方的长辈，不要去议论对方的家人，双方都没有这个权利。如果一个媳妇进门就开始说婆婆的不对、公公的不对，那就是恶婆娘。做儿子的长大了，找一个媳妇回家来教训自己的父母，算什么儿子呢？做女儿的成人了，找一个女婿反过来批评自己的父母，养这种女儿干吗？道理是很容易理解的。我们老觉得中国人什么都搞不清楚，其实心里都是清清楚楚的，只是不能讲而已，一讲就伤感情，一讲就翻脸。美国人跟我们不一样，他们的脑筋实际上是不够用的，你不讲他完全不懂，你讲了他也不一定懂。而中国人是你不讲我也知道，我自己会体会不用你讲。这样就对了。

【坤道感悟】

夫妻不能批评对方的长辈，不要去议论对方的家人，双方都没有这个权利。

家庭篇

第五章　同堂之道

——传承三代同堂精神

每个人都在追求幸福，人生幸福的根基在哪里？就在圆满的家庭生活中。“圆满”是中国人特有的观念。很多人把西方人所讲的“good family”翻译成“好家庭”，这是没有理解什么是中华文化。“good family”如果要翻成中文的话，应该是“圆满家庭”。

在中国人的心目中，家庭的观念根深蒂固。我们说“不是一家人不讲一家话”，表示就连讲话，家人和外人都有区别。“不是一家人不进一家门”，意味着既然生活在一起，就要生死相依、荣辱与共。我们讲爱情、讲婚姻、以及后面要讲到的子女教育，必须要落实到家庭。再说大一点，整个国家、整个社会都以家庭为基础。每一个人的能力是有限的，先把自己的家庭搞好，才会对社会有贡献、对国家有帮助。

关于家庭的形成，中西方通常需要三个共同的步骤：男女互需或者互慕结成夫妻；有意或者无意怀孕生下子女；一家人养育和教导子女长大成人。但是在家庭结构方面，中西方却有很大的差异。西方大多以单纯的核心家庭为主，便是通常所说的小家庭。由一对年轻的夫妻开始，经过生男育女的过程，等到子女长到成人，再各自结婚离去，又回复到刚开始时一对夫妻的状态。

而中国的家庭结构，则以复式家庭为主干，通常由祖父母、父母和子女三代所组成。

我们的社会由老、中、少三代，即儿童、中年人、老年人构成。儿童是未来的主人，没有儿童整个民族就没有未来了。中年人是社会的支柱，整个社会的生产都倚靠他们。老年人同样重要，因为他们的经验哪里都学不到。家庭是一个小社会，也是三代人构成的。想想看，夫妻二十几岁生儿育女，这时父母通常五十几岁。就算四十岁生小孩，父母六七十岁，也都还健在。父母一代，自己一代，又有子女这一代，不就是三代吗？三代同堂其实是一种很自然的现象。

以前的夫妻结婚之后，通常住在男方父母的家里，然后生育子女，一个大家庭三代同堂，随时有长辈指导和照顾，一切都十分方便。这些原本是父母恩惠的过程，现在却由于年轻人喜欢独立、追求自由，不愿受父母约束，被整个推翻了。当恋爱成熟开始讨论婚姻大事的时候，女方大多主张婚后立即有自己的家庭，不愿意和公婆同住。儿子吞吞吐吐地征得父母的同意，就开始为居处伤脑筋了，刚刚步入社会能有多少积蓄呢？

今天一些所谓时尚的现代生活方式、新式家庭思想，大都是受了美国的影响。美国人的生活是什么？是全世界公认的儿童的天堂、成人的战场、老人的坟场。在美国的公园里面，经常会看到很多老人孤独地坐在那里，巴不得能有人跟他讲话，可是根本没人理睬。一个人老了以后，就必须要孤独地面对剩余的时光，这还是人的生活吗？对于生活的安排，仔细体会中西的不同之处，会发现我们的观念和做法是更加合乎人性的。但是很不幸，许多人都要去学习美国人的生活方式。

保持三代同堂精神

中国人主张三代同堂，由老中少三代人共同组成一个温暖的大家庭，这是最自然的一种环境、最合理的一种单位、最圆满的一种结构。中国社会之所以充满亲情，就是因为我们有这种三代同堂的观念，而且在子女养育和教育方面也有诸多良好的效果。

第一，便于向长辈学习养育的经验。

年轻夫妻生下第一个小孩的时候，并不懂得如何养育子女。没有一对夫妻是已经学好了如何做父母，才开始去做父母的。基本上是糊里糊涂生了个小孩，然后把小孩变成了可怜的实验品，实验来实验去。可是小家庭就是这样，不然怎么办呢？于是年轻的爸爸妈妈就开始“临时抱佛脚”，向书本和课堂学习怎么做父母，可学来学去又多是西方的一套经验。

我们不是说西方就是不好，只是它跟中国人的情况确确实实存在差异。西方的女人生完孩子三天就下地，拉开冰箱拿出一大盒凉牛奶撕开就喝，中国人的体质可以吗？西方的小孩刚生出来便拽着双腿拎来拎去，稍大一点就光着屁股爬来爬去，中国的小孩这样受得了吗？可现在这些我们也都在学，学到最后只能自己倒霉、便宜医生罢了。在养育子女的方面，年轻的爸爸妈妈们向长辈请教，才是最安全的。长辈就算学问没有年轻人大，但是他们最起码有带过孩子的经验，可以作为年轻人的参考。

第二，便于为子女提供身教的机会。

除了养育方面，三代同堂更大的作用在于子女的教育方面。家长整天讲一大堆道理没有用，如果单凭讲道理可以，天下的父母们也不至于个个焦头烂额。中国人常讲“身教重于言教”，最有效的方式是做给子女看。家长早上起来先向长辈请安问好，晚上睡前看看长辈是否安定，天气转凉就给长辈添件寒衣……子女都会看在眼里记在心上，耳闻目染之间养成习惯，就会懂得自己将来怎么对自己的父母。三代同堂是为了身教的方便，实际的动作比口头的道理更有效果，哪里还需再去喋喋不休地讲什么是孝道，这才是三代同堂的意义。现在的孩子都很灵光，只要眼睛看到的不是那么回事，所有的道理都不会接受。

有一个儿媳因为婆婆经常打破瓷碗，于是买了一个木碗给婆婆用。没过几天，她看到小女儿拿着一把小刀在挖一块木头，就好奇地问女儿在干吗？女儿说：“我要挖一个木碗。”妈妈问她：“你挖木碗干什么？”女儿说：“将来妈妈老了，给妈妈吃饭。”

听得儿媳一身冷汗。要想子女以后懂得孝道，自己先要孝敬父母，这是唯一的道路。我们的问题在于道理人人都懂，但是大多用于应付考试、谈论他人和讲些冠冕堂皇的话上，恰恰没有用到自己的日常生活当中。父母往往充满了错误的示范、不良的行为，唯独缺少正向的榜样，将来又能怪谁呢？

【坤道感悟】要想子女以后懂得孝道，自己先要孝敬父母，这是唯一的道路。

第三，利于子女提前适应社会环境。

有的女性抱怨：婆婆都是老观念，根本不会教小孩，却偏偏还要教。三代同堂就是要家庭关系复杂一点，甚至有些小矛盾才好。在这样家庭长大的小孩，一到社会很快就能适应复杂的社会关系。因为三代同堂就是社会的缩影，有了从小的演练经验，以后自然不会有太大闪失。倘真婆婆跟儿媳的看法一样，孩子在成长当中只是接触一种观念，思想难免就会有些单纯，对于成长显然不利。这个过程当中有一点需要注意，就算看法不一样，媳妇也不能对婆婆说三道四。否则是给子女一个不良示范，将来必然自作自受，需要忍受子女同样对待。

当然，现在想要坚持三代同堂，的确存在诸多困难。比如职业的需要、住所的面积等等。但是，很多事情可以巧妙配合，就算一家人不能住在一起，只要能够保持三代同堂的精神，也不必苛求同在一个屋檐下的形式。把自己的小家尽量安置得离父母近些，以便双方相互照应；放假日提前告诉子女，我们周末一同回家探望祖父祖母，帮助他们处理一些年迈不便的家务；就算忠孝难全天各一方，经常在子女面前给父母打个电话，随时关心父母身体状况，电话上爸爸说一切都好，自己也会安心许多。这些都是保持三代同堂精神的做法。

一张全家福，代表了咱中国人三代同堂的精神

只要有一颗三代同堂的心，自然就三代同堂了。哪怕距离再远，甚至阴阳两隔都阻止不了。中国人是彼此关心的民族，一旦心里没有，嘴巴再甜也是虚情假意。空间会有距离，但是心可以没有距离。只要你想到他，他就在你眼前。生活的方式可以变，但是生活的法则不能变。我们不是要把大家带回从前，而且那样也行不通。

【坤道感悟】只要有一颗三代同堂的心，自然就三代同堂了。

我和太太有两男一女三个小孩，都已经成家立业，各有各的住所，但是我们有三代同堂的精神。大女儿和小儿子住的离我们很近，随时可以见面，彼此都有照应。一有假日，不是我拜访你，就是你拜访我。大儿子不在身边，但是每个礼拜都定时打电话回来，跟他妈妈聊个没完。他只要有长假，也会赶回来与全家人团聚。而且我一定会带上全家人，去祭扫我父母的坟墓，让我的第三代人也知道这里安息的是什么人。中国人很奇怪，我们是唯一把祖宗的牌位背在肩膀上全世界跑的人，这一点只有中国人做得到。

生儿育女以得永生

中华民族一个鲜明的特色，就是祖先崇拜。这是什么道理？人类从古至今都有一个共同的愿望，就是希望把有限的生命尽量地延长，最好是能够长生不死，因为谁都不愿意短短几十年就走了。但是生命终究是有限的，身体的永生是不可能的。历代很多帝王，为此都做出了很多很多劳民伤财的事情，事实证明也都没有用。于是人们又开始想其他的办法，从其他的方面求取得以永生的出路。

西方人走的是“神”本位的路子，他们通过信奉上帝求得永生。西方有一句话大家很熟悉：信我者得永生。意思是只要相信上帝，就可以永生了。大多数人认为中国人很迷信，西方人讲科学，其实恰恰相反。西方人把神看得至高无上，认为上帝可以支配和主宰人类的一切。就连西方的科学家也很相信宗教，他们一方面说唯有可以证明的才可信，另一方面又去信奉看不见的神。科学归科学，宗教归宗教，这不是很矛盾吗？

中国人不太相信这种事情，因为我们根本不太相信神。中国人的神都是人封的，而且在我们的神话中，从三皇五帝到财神、门神，再到各个行业敬奉的鲁班、杜康等神明，分明都是道德崇高或者贡献突出的人。所以中国人走的是“人”本位的路子，我们认为一个人只要后世的人都记得他，虽死犹生，这就是永生。因此我们才会常说：“他虽然死了，但是永远活在我们的心中。”孔子、关公到现在还活着，因为大家心中有孔子，孔子就永生了；大家心中有关公，关公也就永生了。中国人很重视心连心、心比心，希望你心中有我，我心中有你，就是这个道理。一个人怎么样才能活在别人的心中？中国人自古以来有三种方式：立德、立功、立言，合起来称为“三不朽”。

立功，是说为国为民建功立业。历史上有很多民族英雄，在国家危难之时，个人挺身而出，驰骋疆场，领兵杀敌，立下名垂青史的功业，为后代子孙生生世世所铭记。可是立功要有机会，没有机会，就算英雄也难有用武之地。有个典故叫做“冯唐易老”，是说汉将冯唐在汉文帝的时候就被封为大将，可是文景两代皇帝都采取安抚友好的对外政策，不肯轻易动兵。直到汉武帝的时候，匈奴来犯，才有人推举冯唐。可这时他已经九十多岁，心有余而力不足，再也不能出来任职了。一个成功的人不可能完全凭个人，因为机会不一定会在有生之年到来。生不逢时，或者时运不济，谁也没有办法。

立言，是说提出具有真知灼见的言论，激励世世代代的后人朝正确的目标努力，也可以得到永生。很多人都想写书，就是想创立一些言论，通过立言的方式让自己流传千古。但是立言更难，“文章千古事”，不是随随便便就可以写的。现在每年都出很多书，可是很快就不见了，只是制造了一堆垃圾，浪费了很多资源。其实书不见了还算好的，留下来反而更惨，只会贻害后世，误人子弟。

立功很难，就算武功盖世，也不一定有立功的机会；立言也很难，中国两千多年才出了一个孔子。但是立德，也就是树立高尚的品德，是每一个人都可以做的。中国人特别重视品德修养，就表示每个人都有机会，每个人都可以通过立德得到永生。因为每个人都可以掌握自己，好好做人，好好做事，一切凭良心。一个人的品德很好，大家都来学习他的品德，这就永生了。所以人要永生，不是靠上帝，不是靠神仙，而是靠我们自己。

但是到这里，很多人还是觉得很难。因为有机会的，可以立功；有学问的，可以立言；环境很好的，可以修养品德来立德。这些都没有怎么办，人活一生总要留下点什么东西吧？所以中国人有一个最简单的办法，那就是生个儿子。既然没有办法在别人心中永生，那就永生在自己儿子心中吧。只要儿子记住父母，父母就永生了。如果连儿子的心中都没有父母，父母永远没有办法永生。全世界只有做中国人的祖先会永生，永生在子女和后代的心中。因为全世界只有中国人才会在家里供奉祖宗的牌位，表明祖宗永远跟我们在一起。这是外国人很难理解的观念。

西方神本位的路子，使他们产生了三样东西代表文化：法律、科学和宗教。中国人本位的路子，也产生了三样东西：道德、艺术和宗法。西方人重视法律，但是我们注重道德；西方人重视科学，我们则把科学发展到艺术的地步；我们没有宗教，但是有宗法。宗法就是对祖先的崇拜。很遗憾，很多人把对祖先的崇拜看成是不够进步的表现，其实慢慢体会就会明白，祖先崇拜一点不迷信，而且不像宗教那么可怕。西方人会为了宗教而发动战争，中国人从来不会这样。

人可以一辈子不到庙里拜神，但是一定会拜祖宗。中国人透过对祖先的崇拜教育后代儿女，这些跟迷信和鬼神都没有关系。所以扫墓的时候，一定要带上子女，告诉他们：这是你祖父、这是你祖母，虽然已经过世了，我们还是要定期来看他们。这样子女就会明白自己以后该怎么做。想想看，中国人考取了状元，要回家拜祖宗；当上了大官，要回家拜祖宗；生下了孩子，也要回家拜祖宗。因为我们把这些都看成是祖宗照顾的结果，只是表示祖先活在自己心中。同样自己也可以活在子女心中，就是这样一件事情而已。

其实，供不供奉祖宗的牌位中国人也并不看重，心目当中有没有祖先的存在才最重要。祖先永远活在子女的心中，子女就会时时想到不能违背祖训，要为整个家族争光。所以中国人一方面说要淡泊名利，一方面又说要力求上进，是有道理的。为了个人不必祈求名利，但是还要为整个家族而努力。这样我们就明白为什么中国人一生一世的目标就是光宗耀祖。因为几代人都没有什么突出的表现，所以希望自己的子女当中有一个出人头地，然后就光宗耀祖了。西方人的成功只是个人的事情，中国人成功是一家人的荣耀。在中国人的观念里，一个人一生再怎么辛苦都无所谓，只要子孙不会忘记自己，永远记住自己，就不愧此生了。这也是外国人始终搞不清楚的事情。

不得不承认，中国人一直以来有点重视儿子，不重视女儿。如果连这一点都不敢承认，那是在规避某些事实。在这里我们先顺便还女人一个公道：生男生女并非由女方决定，而主要由男方的性染色体决定。性染色体，顾名思义是决定胎儿性别的染色体。在人类的生殖细胞中，有23对染色体，其中22对为常染色体，1对为性染色体。女性的性染色体为XX，男性的性染色体为XY，也就是说男人有一种染色体是女人所没有的。当含X

染色体的精子与卵子结合，胎儿发育为女胎；当含Y染色体的精子与卵子结合，胎儿发育成男胎。所以婆婆应该骂儿子搞什么鬼，连个男孩子都生不出来，而不是怪媳妇肚皮不争气。

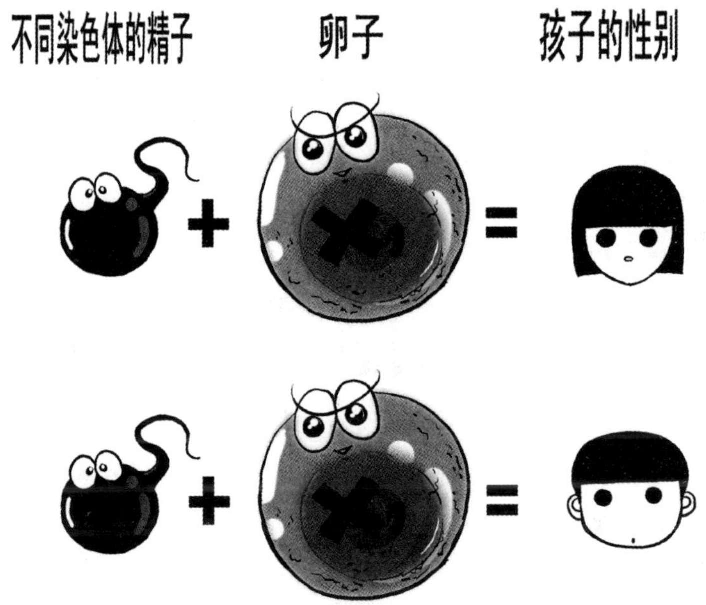

其实明白了生儿育女真正的目的，就知道儿子跟女儿一样。现在受教育的机会男女均等，女儿照样可以接受良好的教育，照样可以有所成就。只要心中有父母，儿子和女儿不是一样好吗？其实有女儿的人都知道，女儿往往比儿子更加贴心。老实讲，有儿有女不如好儿好女，生得少更要教得好。以前生一大堆，总有一两个是好的，其他的不好也就算了。现在只有一

【坤道感悟】

有儿有女不如好儿好女，生得少更要教得好。

个，顶多两个，更要重视对子女的教育。

福气需要家庭传承

如果三代同堂仅仅是一种互相合作的形式，也不一定值得中国人这么用心来维护。那么，除了前面说过的作用，三代同堂更加重要的意义在于何处？就在于每个人平时常常挂在嘴边的“福气”二字。全世界中国人最重视福气，我们都说是老天爷给了很多享用不完的福气。而且中国人也最有福气，因为我们对福气很懂得珍惜，会把福气安排地好好的。三代同堂便是中国人惜福的一种体现，看看我们的安排就可以知道。

第一，人少年时要懂得惜福。

父母要让孩子从小懂得，这一辈子会来世为人，会出生在这个家庭，会碰到这些长辈，将来会有一个很好的人生，都是自己的福气，因此要懂得珍惜。当然，让孩子一下子明白这些观念比较困难，所以父母要做给他们看，帮助孩子培养惜福的习惯。比如告诉孩子要力行节约，不能一瓶水喝一口就不喝了，吃饭的时候不能总是剩饭在碗里；要物尽其用，玩具不可以玩几天就丢掉，餐巾纸要一张一张地使用……这些都是在教孩子学会惜福。美国父母很少教孩子这些，洗完手纸巾一抓一大把，这种人会有福气吗？我每次看到中国的小孩学习美国人这种方式，就知道这个小孩长大要做乞丐，因为福气都被这样消耗光了。家庭教育要教会小孩“有福气”的习惯，不是从小就把福气散光了。

第二，人成年后要去造福。

福气从哪里来？靠自己积累而来。西方人讲人要努力，为了努力而努力是很累的。但是一个人为了福气而努力，不会觉得辛苦。挣钱只是工作的一部分功能而已，一个人如果完全抱着挣钱的心态去工作，就会抱怨付出和得到不成比例，这是不太懂得工作价值的人。只想是在替别人做事，当然会觉得很累。如果想到有这个工作的机会很难得，这是在替自己做事、替自己造福，这样会累吗？当你觉得累的时候就很累，当你觉得不累的时候就真的不累了，这叫心想事成。在中国人看来，最有价值的工作，是可以造福他人。所以我们对一个人工作的最高赞美，是说他能够造福乡里，造福一方百姓，造福社会，甚至造福全人类，就是这个道理。造福别人，就是造福自己，这样到了老年才有足够的福气可以享用。

第三，人晚年才可以享福。

我们经常说“辛苦了一辈子，老了也该享享福了”，就是这个道理。一个人年轻力壮的时候多多参与工作，多多造福社会，然后把福气存起来。到年老的时候，就可以享用了。年轻的时候没有造福，老了怎么可能有福气可享呢？想想看，有的老人会受到很多人的尊敬和照顾，就是因为年轻的时候广结善缘，结交很多朋友，就算没有子女，照样有很多朋友照顾。可是如果年轻的时候只是好吃懒做，心机算尽，便宜占尽，老了以后只能孤苦伶仃坐在那里，别人同情也没有用。但是也劝告大家，老了最好也不要把福都享光，还要积一点留给子孙。如果只有一点点福气，还任意挥霍，两代人就花光了，第三代就垮了，这不是很倒霉吗？一个小孩子眼睁睁看着祖父母跟父母，把福气整个享光了，他就知道自己再怎么努力也没有用了。

现在很多人讲，人时时要求生存，求生存是二十四小时的事情。这种人命太苦了，中国人求生存不需要那么紧张。如果问一个美国人：你为什么会赚那么多钱？他会告诉你：是我自己努力赚到的。同样的问题，如果问一个中国人，他会说：都是托你的福。中国人都说托人家的福，越说是自己努力，越是命苦；越觉得生存要挣扎，越是没有福气的人。如此一来我们就能了解，中国人的很多观念其实都是从福气中来的。一个人一生从小到老，都是沾了很厚的福气的，甚至所作所为都跟福气相关。中国人只想自己家的福气是不是越积越多，而不是说在家里到处贴满了大红的“福”字就有福了，那只是一种提醒家人重视福气的方法。福气既然是自己积累的，该怎么办呢？

第一，通过家教传承家风延续福气。

孩子小时候不懂事，有福就享光，这是一定的。正是因为他年少无知，才更需要父母的教导。现在的父母往往喜欢钻牛角尖，整天总想着子女将来做什么有出息。其实，父母的责任只是把子女抚养长大，养成良好的习惯就够了。父母把责任尽到了，至于子女长大以后能做什么，要不要去造福社会，以后有没有福可以享，要不要再积福给他的子孙，那是他自己的事。这就是所谓的“儿孙自有儿孙福”。可是在孩子不懂这些的时候，父母就要教他。因为课本里面是没有什么福气观念可言的，写书的不懂，教书的也不懂。如果小孩从小就把一生的福享光了，难道父母一点责任都没有？父母只要有福气的观念，就知道家庭教育就是福气的传承。否则一句话就讲完了，谁被这样的父母生下来谁倒霉。

第二，时刻抱持着造福乡里的观念。

一个人在社会上，危害他人的事情绝对不能做。而有益大家的事情，能做是自己的机会和荣耀，还计较什么呢？造福别人的事情一定有福报，但是不能为了福报而去做事情。有只为福报而去做事情的想法就是一种贪念，那就得不到福气了。记住，人去造福，福自然会出来；但是去求福，却可能永远求不到。梁武帝时代，达摩祖师从印度来到中国。梁武帝与达摩见面后很得意，就夸耀说：我建造这么多的寺院，供养这么多的僧众，这个功德大不大？达摩祖师告诉他，并无功德。“有心为善，虽善不赏”，满脑筋想的都是福报福报，动机已经不善了，道理就是这样的。

第三，家人相处不要心存利害关系。

一家人之间不存在利害关系，所以做事情不要有什么权力、义务和责任的观念。谁能做谁就多做一点，一起为家庭把福气做大，才是共同的目标。想想看，中国历史上能够兴旺几百年的家族很少，但是有的家族就是一旺八百年。靠什么？就是靠家风把福气慢慢做大，然后就可以恒久发达。

当然，三代同堂的复式家庭也的确有很多弊端，大多是由于婆媳不和，儿子夹在中间不知如何应对，以致母子之间也产生隔阂。或者是在第三代的教养方面，由于观念不同而出现分歧，从而使复式家庭面临更大挑战。我们认为，是发挥三代同堂的优点还是扩大凸显其弊端，都是由人的观念在决定。家人都往好处想，也往好处做，优点就出现了；如果家人都往坏处想，又向坏处做，弊端自然会不断产生。我们最好正本清源，先把自己的观念弄清楚，以便找出合理的道路。

第六章　敬老之道

——父母永在子女心中

我们所赖以生存的宇宙，是我们的根，没有天地，怎么可能出现人类？我们所选择的父母，是我们的本，没有父母，我们怎么生得出来？古圣先贤，要我们拜天谢地，孝敬父母，便是希望我们不忘掉根本。想想看，几乎所有的动物生下来，动一动就能活，不太依赖父母。只有人类生下来什么都不会，注定有两三年的时间，必须靠父母的照顾才能存活。这是老天爷给我们的启示：人是离不开父母的。我们从小因为父母的帮忙，才有办法长大。长大以后，父母老了，我们就必须回报他们，道理就是这么简单。

孝是中华文化的基础，如果用一个字来概括中华文化，便是“孝”。全世界只有中国人把“孝”讲得最彻底，只有中华民族把《孝经》[1]当做专书来研读。时至今日，“百善孝为先”仍

【1】《孝经》是中国古代儒家的伦理学著作，以孝为中心，集中阐发了儒家的伦理思想。它肯定“孝”是上天所定的规范，指出孝是诸德之本，主张把“孝”贯串于人的一切行为之中，并提出了“孝”的具体要求，被看作是“孔子述作，垂范将来”的经典。关于作者对《孝经》思想的阐述，可参考阅读2012年出版的《孝就是道》一书。

然深植于人心，成为中国人考核一个人的第一道关卡。

中国人有一句话：忠臣出于孝子之门。我常常劝很多当老板、当主管的人，在面试或者是跟部属谈事情的时候，应该有意无意问他们“你爸爸最近怎么样”，看他怎么回应。不过很少有人这样做，面试谈的都是“你有多大本事”、“你会打高尔夫球吗”这样的事情。

如果你当面问他：“你爸爸最近怎么样？”他说：“不知道，好久没联系了。”你就要明白，这种人不能录取，什么学位也没有用。一个不孝的人，他会忠于公司，会把工作做好吗？我反正是不相信。你再问：“你爸爸和妈妈最近相处得怎么样？”他回答说：“从我小时候他们就吵架，到现在还没有停。”你就完全了解情况了。

中国人只有《孝经》，并无“慈经”，并不是重孝轻慈。因为父母很不容易做，不是随随便便就可做好，而且到从古至今，也没有一个人能做得十全十美。但是为人父母十分辛苦，每个父母的条件都不一样，不管把子女教成什么样都是功劳。所以只能要求子女要尽孝，却没有办法要求父母要怎样。

孟子在《离娄篇》中指出，世俗所说的不孝有五种：一是懒得劳动，不肯做事，也不能供养父母；二为喜欢赌博喝酒，爱好喝酒，不顾父母的生活；三是贪得货财，私心妻子，不愿供养父母；四为放纵耳目的欲望，嗜好声色娱乐，致使父母受辱；五是依恃勇猛有力，喜欢和人家打斗争讼，以致危害父母的安宁。

子女对父母尽孝，并非是生物性的本能。如果孝纯属生物性的本能，人就没有资格称为万物之灵。如果提升到文化层次，那就必须经由学习，才能够深刻体会。可见学习的心态和过程，对孝道的影响很大。

子女尽孝三个层次

在孔子的弟子当中，曾子以孝闻名。曾子对于孝的体会和认识，应该是十分深刻而中肯的。他认为孝有三等：大孝尊亲，其次弗辱，其下能养。由于环境快速变迁，现代子女不可能回到从前，但是孝道的要求，也不应该由于今非昔比，就全盘加以否定。只可惜多数人不能明白孝道的时代意义，因此不能表现出现代化的孝道。

第一，心怀恭敬地服劳奉养父母。

子女到了能够自己谋生的年龄阶段，首先要自食其力以不累及父母。俗语说得好："好男不吃分家饭，好女不穿嫁时衣。"即在鼓励成年的子女要有自食其力的勇气，不能够存有依靠父母余荫的念头，这是人最基本的义务。有了自食其力的基础，便应该进一步服劳与奉养父母。服劳的意思，是代替父母劳作，为父母分忧分劳；奉养的意思，则是供给父母衣食，使父母不必为生活而忧虑，得以安享余年。这两种行为，只是对父母最低限度的报答，子女应该尽力去做，不能稍有应付的念头。

子游曾问孝于孔子，孔子说：现在人以为尽孝，就是能够在饮食方面供养父母。至于狗和马也都能受到饲养，如果对父母只养而不敬的话，那么跟饲养狗和马有什么区别呢？现代人把奉养父母当做尽孝，自以为有钱让父母花用，有食物让父母享用，有衣物供父母使用，便是孝的表现。如果做到这种地步，便自认尽孝，那实在是太小看自己了。孔子所说的敬，实际上是诚意的意思。有诚意的孝，而不是形式上的顺。不问条件，也没有一定的标准，凡事诚意就好。有的人对宠物的爱护，甚至比对父母还用心，岂不是父母反不如宠物？

所以在子夏问孝时，孔子这样回答：侍奉父母，贵在长久保持和颜悦色。这比为父母服劳，侍奉父母饮食，实在要困难的多。长期在父母跟前保持和颜悦色，真的有那么困难吗？如果真的这样想，最好检讨自己，是不是对待父母缺乏诚意，所以才会失去恭敬的心。对父母不敬，还能够敬重什么人？精神上的孝敬，才是人和禽兽的差异。孝是做人的根本。由此可见，不孝的人，基本上没有什么可期待的。

子女对于父母的年龄，应该时刻放在心上。随着父母年龄的增加，要加倍关注父母的健康。一方面多多了解老年人的保健知识，从旁调节父母的饮食和劳逸，或者实时对父母提出劝告，使父母保持愉快健康的身心。同时父母生病时，子女更应该用心照顾，尽量使父母宽心，以期早日康复。千万记住，无论奉养、服劳还是照顾父母的健康，务必做到恭敬而有诚意，毫无怨言才对。

第二，心有父母不因子女而蒙羞。

孝的第二个层次是“弗辱”，便是说子女要好好做人做事，不使父母或自身受到羞辱。

现代的子女，说起来只有一个毛病，那就是心中没有父母的存在。只知道有自己，不知道有父母，以自我为中心，一副“只要我喜欢，有什么不可以”的派头，完全没有顾忌。殊不知就凭这句话，便会把自己害惨。

父母心心念念教养子女，他们努力工作，他们看人脸色，他们忍辱负重，都是为了子女。但父母从来不强求子女要做什么，只在乎子女心中有没有自己。我们可以不怕警察，可以不怕法律，但是不能不怕父母难过。人会不守规矩，会为非作歹，一个根本的原因就是过分自我，把父母抛在脑后，认为什么都可以做。

孟武伯问孝孔子，孔子回答：子女要做到只有疾病的时候，才会引起父母的担忧。人吃五谷杂粮，要完全没有疾病不太可能，而且也不见得是好事情。父母为子女的疾病担忧，是亲情的表现。子女如果品行不端，时时令父母放心不下，处处让父母为之担忧，这便是不孝。若是言行端正，只是偶尔生病时，才使父母担忧，实在已经是孝子了。当然，子女对自己的健康也应该注重，因为父母最关心的就是子女的健康。子女有了疾病，或者受到伤害，父母比子女还要紧张，还要忧伤难过。

中国人最看不起的，就是一个人心中没有父母。子女读书好不好，成就大不大，赚钱多不多，其实都无所谓。但是心目当中有父母，是对一个中国人最基本的要求。不让父母丢脸，是最为根本的孝道。心目中有父母，处处想到父母的立场，是孝的起点。

【坤道感悟】心目当中有父母，处处想到父母的立场，是孝的起点。

第三，子女要集义行善显扬父母。

曾子认为的大孝是“尊亲”，子女力求发奋图强，使父母享有美名，才算是大孝。我们常说光宗耀祖、扬名显亲，完成父母未完成的事业，实际上都是对父母的大孝。小孝用体力，中孝兼用心智，大孝则永久维持孝心，也就是不论父母在世与否，都能够心中有父母，终生不敢使父母蒙上耻辱。

《论语》中记载向孔子问孝的，还有孟懿子一篇。孔子的答案只是“无违”。无违的意思，是不要违反父母和子女相处的道理，并不是一定要顺从父母的命令，或听从父母的话，一切以合理为度。那么子女做到什么程度才是合理的孝呢？

合理顺从才是真孝

“孝”是单音字，中国人讲话喜欢将单音字变成双音词，所以就有了孝道、孝经、孝心等词汇。但是，不知道从哪一个朝代开始，有人加上“顺”字，成为了“孝顺”，以为只有顺从父母的指示才叫做孝，实在是贻误后世。孝一旦形成制度，就会十分僵化，失去弹性，也很难应变，不合乎因时制宜的要求。存心不顺，显然是不孝。不合理的顺，同样是不孝。若是父母让子女做不正当的，甚至是违法的事情，子女也顺从，那就是害父母于不义。

比如妈妈跟小孩说：“隔壁邻居正在盖房子，堆了很多砖头，你去搬几块回来我们家里用。”小孩要不要去搬呢？如果按照孝顺的说法，当然要去搬呀！可是小孩听从妈妈的吩咐，真的就去搬回家里，以后被邻居们知道了，都说妈妈是个爱占小便宜的人，那不是害了妈妈吗？所以将孝解释成孝顺并不妥当，因为“孝”一旦到了“顺”的地步，那就没有是非了。

曾子的父亲脾气很坏，有一次曾子在瓜地里除草，一不小心锄断了瓜根。他的父亲很生气，一顿棍棒将他打得昏死过去。孔子听到这件事，认为曾子做得太过分了，生气地告诉看门的学生：“曾参来时不要让他进来。”曾子认为自己孝顺父亲，并没有过错。孔子说：“舜侍奉他的父亲，需要的时候，没有不在父亲身旁的；父亲想要杀死舜的时候，他从没有让父亲找到过。小打就忍受惩罚，大打赶紧逃走。舜的这种做法，没有使父亲犯下不守本分的过错，自己也没有失去淳厚美好的孝德。而曾参这样不顾身体忍受暴怒，假如真的被父亲打死，就会把父亲陷于不义的境地，与不孝相比，哪个重要呢？”曾子听到这番话后，明白了自己的过错，忙去找孔子检讨。

这就是孔子“无可无不可”的道理：做子女的，爸爸要打你，先看看爸爸是不是很生气，拿的东西会不会打死人。不会的话，打几下也不会怎么样，这是孝；会的话，赶紧跑，这也是孝。中国人老是摇摆不定，好像这样不对，那样也不对，是有一定道理的。顺的时候是孝，你就要顺；不顺的时候才是孝，你就要不顺，这才是懂得孔子道理的人。

真正的道，必须掌握合理的“度”，才算中道。孝到合理的程度，敬到合理的地步，并不是盲目顺从和过分地敬重。过与不及，都属于偏道。

何谓无不是的父母

既然父母也会犯错，也有不对的时候，为何我们又常说“天下无不是的父母”，这不是十分矛盾吗？“天下无不是的父母”，并不是说父母永远是对的。父母也是人，凡人皆有错误，父母也不会例外。但是身为子女，没有资格议论父母，更不应该顶撞或教训父母。这才是正确的理解。现代的子女，普遍认为有机会受教育与父母无关，完全是自己奋斗的结果。于是受了教育就开始看不起自己的父母，将小时候父母对自己的教导态度，反过来施与父母。经常把父母当做纠正的对象：这样

【坤道感悟】

子女没有资格议论父母，更不应该顶撞或教训父母。

不对，那样会惹人笑话。这样的子女是不孝之极。

时代背景不同，人的立场、认知、看法就不一样。父母的话有道理，子女当然要听从，因为没有父母会存心害自己的子女；父母的话不合理，也不可以讲一大堆道理驳斥他们，子女没有资格这样做。碰到这样的情况，乖巧的子女表面一定说好好好，然后通过各种方式帮助父母了解实际的状况，这样才是真正有孝心的人。我们举个例子以供参考。

有一天，一位母亲把自己的儿子叫到房间，说："你工作这么努力，但好几年都没有得到升迁，我看就是没有送礼的缘故。我这里有只金戒指，放在家里也没什么用处，你干脆拿去把它卖掉，也好给上司送点礼物。"儿子心里明白：升迁最好凭借自己的实力表现，靠送礼解决不了问题。而且现在都在整治腐败行为，给上司送礼反而可能惹火烧身。但是母亲也是一片好意，所以绝对不能讲一堆大道理来反驳，令母亲觉得难堪和伤心。于是儿子当场答应，说："好的，我马上就去。"但实际上把金戒指暗暗收好，并没有真的去卖，更没有给上司送礼。儿子的做法不是阳奉阴违地欺骗母亲，完全是出于尊敬母亲，不伤害母亲的感情。

过了几天，母亲问儿子事情办理的状况。儿子说："戒指已经卖了，还卖了个不错的价钱。买的礼物也送给上司了，上司十分满意。"又过了一个月，母亲又问儿子："礼也送了，怎么一点动静也没有？"儿子说："对呀，我也觉得奇怪，明天我去打听打听看。"

第二天回来，儿子跟母亲小声说："我一打听才知道情况很不妙，凡是送礼的人都被张榜公布了，听说一律会被处罚和降级。"母亲着急地说："这不糟糕了，我岂不是害了你的前程吗？"

儿子说："公布的送礼人名单里面没有我的名字，你放心好了，不会有什么影响。"母亲还是不放心，说："这怎么可能呢？就算名单里没有你的名字，那你也送礼了，恐怕今后还是会有影响呀。"儿子笑着说："还不是妈妈平常对人家好，我那天拿着戒指去卖的时候，金店老板见戒指样式很古朴，就问这是谁的？我说是妈妈你的。金店老板说妈妈珍藏这么久的戒指怎么能卖呢？于是他就借钱给我，说以后有了钱再还他就是了。我正要买礼物去送给上司，又听说现在规定得很严格，绝对不能有这种事情。我不相信，跑到上司那里探听口风，上司也亲口告诉我，说最近要严查不正之风。我就把钱还给了金店老板，等于没有送礼，自然就没有事情了。"母亲听了儿子的这番话十分高兴，说："自己好心好意，却差点害了你。幸亏你机灵，知道见机行事，才免去了一场大麻烦。"

父母自己改变，是孝。父母因为子女而改变，完全没有尊严，就是不孝。人活着是需要尊严的，否则是没有意义没有价值的。老实讲，从我们与亲人结缘的那一刻起，相处的时间永远在不断减少，这句话值得大家深思。子女长大以后尽孝都来不及，怎么能让父母感到很惭愧、感到很不如你、感到不长进呢？

我拿的学位比我爸爸高，我会笑我爸爸吗？当然不会。我拿到博士学位的时候，爸爸很高兴，他说了一句从来没有说过的话："你真有办法，这么困难的事情都能突破。"我说："爸爸，不是这样，如果没有全家人支持的话，我想都不要想。"如果我跟我爸爸说"我拿了博士学位，你有吗"，那我算什么儿子呢？我一直从心里面认为，如果生在我

【坤道感悟】

父母自己改变，是孝。父母因为子女而改变，完全没有尊严，就是不孝。

爸爸的那个时代，我一定不如他，因为我没有他那么坚强的毅力，所以我一辈子都不会讲“我比我爸爸成就高”这种话，这才是懂得什么叫做“天下无不是的父母”。

后来我的儿子拿到博士学位的时候，他只是打电话告诉我说论文通过了，其他的什么也没有讲。因为弟弟还没有拿到，他不能伤弟弟的心。中国人始终都很谦虚，不敢把内心的话完全说出来，就是因为要顾虑每一个人的感受，这跟完全欺骗没有关系。中国人讲求的是周全，讲求的是圆满，讲求的是面面俱到，而不是只要高兴爱怎样就怎样。做中国人是最难的，因为我们要求比较高。西方人只要“对”就好了，而中国人“对”没有用，“错”更不可以。

很多人把子女与父母的隔阂，归罪于代沟。好像两代人之间有一条横沟，彼此很不容易沟通。其实两代之间会不会有代沟，完全取决于个人脑海里有没有代沟的观念。我爸爸比我大20岁，我60岁时，我爸爸已经80岁了，但一直以来我习惯了任何事情，都要打电话问问我爸爸的意见。很多人都笑我：“你60岁了，还在问你爸爸？你爸爸80岁了，他很少跟外面接触，你问他有什么用？”我说：“没有关系，这表示我做子女的对父母的一种尊重。”

我爸爸告诉我的话，我不一定听。但是我不请教他，他就会有失落感，认为儿子长大了，什么都行了，心目当中没有爸爸的存在了。把老人家当废物是最残忍的事情，老人会觉得自己已经不值得活下去了，没有存在的价值了。所以只要我有时间，就回家跟我父亲坐在一起，问他很多事情。家人的乐趣在于沟通良好，只

【坤道感悟】

把老人家当废物是最残忍的事情。

有彼此倾诉，才是真正的亲情，才能使家庭中充满温暖的感觉。代沟只是一种警示，未必就是事实。把代沟看成可能的障碍，设法加以排除才是正确的态度，而不是当作借口来掩饰自己的失责。人要把握好自己的观念，而不是让别人的观念来控制你自己。

功名事业很重要，但我们也要做到承上启下。当父母年纪大了，开始生病了，应该把自己的事业暂时放一放，拿出更多的时间照顾父母才是。因为可能功成名就的时候，父母就不在了，再想回来服侍父母已经来不及了。天大的事情，交给别人去做，先把父母陪好，这是我们人生最重要的事情。父母走了以后再出去工作，也来得及，为什么非要为了事业而置父母于不顾呢？

我最近看到很多感人的事情。其中有一对兄弟，他们在职场上表现都很好，可是因为老父亲病得很重，两兄弟不顾一切辞掉工作，回家轮流照顾他们的爸爸。我问他们："难道工作不重要吗？"他说："工作是很重要，但是爸爸的生命是很有限的，工作以后还来得及。"他们把两个一比，就知道爸爸目前是最重要的。所以人要懂得取舍，这非常重要。

【坤道感悟】

我们所欠缺的不是机会本身，而是选择机会的能力。

一般人总抱怨没有机会，这是不切实际的。机会永远都有，只是我们要学会选择。很多事情，我们有的是机会，只不过不太会选择。我们所欠缺的不是机会本身，而是选择机会的能力。还是那句话，轻重缓急、本末先后要搞清楚。很多事情自己要好好去衡量一下，到底喜欢走哪条路，谋定而后动，三思而后行。我们人生求的就是一个"不后悔"而已。只要你不后悔，那还有什么事情可以怪的？

我有一次碰到一位很成功的企业家，请他的父母到饭店吃饭。但是两位老人一脸不高兴的样子，我就问他们为什么。老先生说："我儿子带我来这里吃饭，分明是赚了钱在我面前炫耀。"我说："你儿子好心好意请你，你怎么会这样想呢？"老先生越说火气越大："好心好意？他那种态度是好心好意？他一进来就说这家饭店他经常来，经常来今天才请我们来呀？是吃得不想吃了才找我们来的吧？还说点几道好菜给我们来吃，他根本不知道我们喜欢吃什么，点的都是他自己喜欢吃的……"

这不怪父母生气，完全是儿子的问题。如果儿子说："这家饭店我也是第一次来，只是听人家说好吃而已，我们一起试试看。"父亲一定高兴："难得你这么有心，第一次听说就带我们来了。"点菜的时候，问问服务员："你们有什么特色的菜品，跟我爸爸介绍一下，让他来决定。"父亲一定说："无所谓，一切你来点就好。"就算不是父亲自己点的，他也一定觉得每一道菜都很好吃。

我们不要让父母把子女的孝当成一个很大的人情来领，这才是真正有孝心的子女。有的女儿跟妈妈讲："这件衣服价格很昂贵，我特别买给你的……"，妈妈往往会拒绝："我都这么大年纪了，还穿这么贵的衣服干什么？"给父母买东西，就算很贵重，也要说是比较便宜或者碰到打折买回来的，这样父母才会安心。中国人明明是很丰盛的宴席，主人都会说是粗茶淡饭，客人则会说很丰盛很丰盛。现在我们学太多西方的东西，回过头来完全不了解中国人自己的一套，这是我们很大的遗憾。

第七章　婆媳之道

——方法得当婆媳易和

中国人都明白“家和万事兴”的道理，但是长久以来，儿媳和婆婆好像总是很难相处得特别融洽。坦白讲，婆媳关系处理不好，家庭很难和谐美满。以前一个家庭有好几个儿子。大儿子把媳妇娶进门来，婆媳处不好，邻居会说是媳妇教养不够理想，不知道怎么样跟婆婆相处。二儿子又把媳妇娶进门来，还是跟婆婆处不好，这时邻居还是会认为媳妇不行，很少去讲婆婆的不对。可是等到三儿子也把媳妇娶进门来，仍然跟婆婆处不好的时候，邻居们马上改口：原来是婆婆不像样子，哪有跟三个媳妇都处不好的。

这种方法虽然不是很合理，但以前还马马虎虎可以用。现在，基本上哪家也没有这么多儿子，所以显然不能再这样评判婆婆对还是媳妇对。实际上，讲谁对谁错有什么用？吵架就是吵架，不合就是不合，评判对错又能怎么样？家庭不是讲道理的地方，跟朋友可以讲道理，讲不通一拍两散，大不了不做朋友了。跟家人可以这样吗？家庭是讲亲情的地方，要用亲情来感动彼此。我们常常在家里面讲理，讲到最后会发现，根本没有用。所以不要去讲道理分对错，而是想想责任在谁。在婆婆吗？不是。那一定是在媳妇了？也不是。责任不在婆婆也不在媳妇，而是在儿子！

虽然我们谈的是坤道，但其实很多观念都是相互的，夫妻关系本来就是阴阳的互动，这才叫一阴一阳之谓道，少了哪一个都没用。尤其在婆媳关系方面，更不得不多说说丈夫的事情。因为婆媳关系的建立，源于这个男人；婆媳关系的和谐，更在于这个男人。在这个三角关系上，先讲三句话。第一句话，父母难为；第二句话，媳妇也不好当；最后一句话，儿子要好好动动脑筋、想想办法。婆媳不和，儿子不是隔岸观火，或者两边拉扯就能解决的。所以，对于一些死不开窍的男人，有必要让他好好了解了解。

婆媳不和儿子有责

谁都不否认，儿子夹在婆媳之间往往两面不讨好，真的也是很难做人。前面说过，婚前两家人最好有所往来，达成婚后的一些共识，原因之一就在这里。那时没有身份、地位、伦理的限制，婆媳之间便于沟通，也容易建立感情。此前就相处得很好，以后也会比较融洽。如果一点基础都没有，儿子完全站在父母的立场，太太会认为是全家人联合起来欺负她；干脆倒向太太的一边，那父母一定会说儿子是“娶了媳妇忘了娘”。所以当儿子的是两面为难。两面为难怎么办？一句话讲完了：年年难过年年过，人人难做人人做。先生要记住，自己永远是沟通的枢纽，面对现实要有一套沟通的技巧去化解才对。

有些时候，妈妈会单独跟儿子说说自己对媳妇的不满之处。儿子听了就开始说：“妈妈你误会了，她不是这样的人。”或者跟妈妈讲大道理：“时代不同了，现在的媳妇不像以前那样了。”

这样妈妈只会更生气，心想：我辛辛苦苦养你这么大，你的心现在都跑到媳妇身上去了，不然怎么会这样袒护她？以后妈妈就更看不上媳妇了，这都是儿子造成的。会做人的儿子一定说："可恶，她怎么可以这样，我去骂她。"妈妈说："不要不要，咱们家不是挑理的人，你知道就好了。"这样儿子赶紧说"是是是"，不就没事了吗？

儿子绝对不能让父母感觉心思都跑到媳妇那边了，可是很多儿子连这个都不懂。父母有些话是讲归讲，其实并没有要求那么高。很多老人跟我讲："我们只是对晚辈有一个要求的标准，只要他们尽力了，就算做不到我们也不会计较的。"儿子作为传话的人，千万不要会错意，赤裸裸地跟媳妇讲父母的话。欺骗是没人格、没良心的事情，但有话直说也经常闯祸。中国人绝对不能欺骗，但是经常不说实在话。西方人很难接受这种观念，但中国人如果不接受的话，很难生活得愉快。

婆媳之间意见有分歧时，即使妈妈有道理，做儿子的不能当面指责自己太太，回到房间把门关起来再劝太太："这件事情妈妈是对的，你为什么不顺着她呢？"太太有道理，儿子对妈妈还是"是是是"。中国人这个最厉害，嘴上"是是是"，但该怎么办还怎么办。回来以后，先生要私下跟太太沟通："你讲得有道理，但是'没有不是的父母'，我不能说妈妈错。"先生绝对不要在太太的面前批评自己的父母。只要儿子批评自己的父母，太太一定变本加厉。因为太太认为你可以批评，我怎么就不能呢？然后儿子再跟妈妈讲："她不太会讲话，其实心里想的也不是那样。"夫妻有这样的共识，做法上稍微调整一下，妈妈以后也会了解的。

做儿子的不是两边传话，也不是两边讨好，而是两面去化解婆媳的分歧。任何事情，只要目标都是良好的，所产生的不同看法，总有某些重叠的地方。一家人都是为了越来越好，所以每一个人的意见更是大部分相同，所不同的只是一点点而已。如果只盯住不同点，无限扩大，想法就会越来越远。当儿子的要先看看哪些是重叠的部分，多把重叠的意见拿出来讲，那一点不同自然就消失了。记住一句话，想讨好所有的人，结果就是得罪所有的人。中国人是世界上最难讨好的人，因为我们警惕性很高、怀疑心很重。何况一家人，整天在一起讨好谁好呢？讨好得了吗？

【坤道感悟】想讨好所有的人，结果就是得罪所有的人。

做先生的还要注意，在岳父岳母面前，自己也要像个女婿的样子。陪太太回娘家的时候，一切以太太的父母为先，同样不要有太多争论和不同意见。太太平常在婆家受了委屈，到她家以后，先生又摆架子，当然一肚子火。如果在太太家，让她的父母很开心，太太自然也尽量让先生的父母开心。把女婿的角色扮演好，以身作则为太太示范，再要求太太扮演好媳妇的角色，还是比较容易接受。我到你家是这样子，希望你在我家也是这样子，然后慢慢就变成一家人了。“天下没有不是的父母”，双方对谁的父母都是这个标准。

秉持孝道婆媳易和

做媳妇的必须要接受一个事实：媳妇是个外来的人，想要被公婆当女儿看待，需要有一个逐渐的过程。因为感情是慢慢融入的，不是嘴巴说说就可以。血浓于水，婆婆终归心疼儿子，出现问题先怪媳妇，也是人之常情。难道婆婆会站在媳妇立场，跟自己儿子过不去？有这种妈妈更不合常理，更不合常情。

但是，长辈被晚辈感动是最容易的。作为媳妇，能做的事情尽量去做，不能做的也不要埋怨。只要在公婆面前以先生为重，公婆很快就会接纳媳妇，当女儿一样看待了。否则最不高兴的就是婆婆。因为婆婆总觉得娶到这样的媳妇，儿子很委屈。人只要感觉一变，整个都改变了。看不顺眼的，越看越不顺眼；只要看顺眼了，越看越顺眼。人与人的关系，不是越来越好，就是越来越坏，不可能停顿在那里。

比如婆婆交待媳妇买鱼，结果媳妇忘记了。如果直接跟婆婆说忘了，婆婆不气才怪："你的事情从来没有忘记，只有我交待的事情会忘记。"媳妇稍微婉转一下："我去的时候，卖家说今天的鱼不够新鲜，要我明天一早去，他给我最新鲜的。"媳妇这样告诉婆婆，皆大欢喜。

母亲节的时候，子女经常问："母亲节快到了，我送您什么好呢？"中国的妈妈都会说："不要了，我什么都不缺。"其实妈妈心里会想：难道非要我说吗？我不说你就不送，说了你才给，那我算什么呢？传出去还说妈妈向子女要礼物，我是那种人吗？西方人你不讲，我不知道；而中国人我不讲，你也应该知道，一讲出来，就没有意思了。真正会做事、有诚心的子女，不需要问也不需要讲，看到妈妈需要什么，能做到的直接买了送给妈妈就是了，这才是诚意的表现。

老人通常比较节省，其实心里是为儿女在省；而年轻人认为钱是自己赚的，看好的就可以买，这样经常会有矛盾。当然，媳妇喜欢就买回来，可以对婆婆说："其实我也根本不想买，可是经过旁边一看才一折，大家都说机会很难得，而且排了好久的队才抢到。如果觉得一折还贵的话，可以转让给没有抢到的同事。”婆婆一听才一折：“好容易才买到，一定不能转，这么优惠为什么不买呢？”将心比心，给对方面子，算不算欺骗？我不晓得，大家自己去体会。任何事情尽心尽力就行，不要一天到晚埋怨，好像婆婆很古董，也不现代化。因为毕竟是有年龄差距的。

做媳妇的要明白的第二个观念，就是一山不容二虎。如果一座山上有两只老虎，这两只老虎一定会恶斗。同一个屋檐下，其实不允许有两个女人都来做主。否则就算晚上吃什么饭这样的事情，都会婆婆做主媳妇不高兴，媳妇做主婆婆不高兴。因此就有了伦理，伦理不是不平等，而是合理的不平等。人是不可能平等的，怎么可能平等呢？只有西方人才讲“人是生而平等的”，中国人是不会相信这些事情的。我们所追求的，是合理的不平等，不要太过分就好了。其实只有合理的不平等，才是平等。中国文化有阴有阳，大家好好在这当中想一想，就可以想通这个道理。

【坤道感悟】

只有合理的不平等，才是平等。

我们都知道《易经》里面有一个概念，叫做“太极”。“太”字由两部分组合而成，一部分是“大”，一部分是“、”，“大”字不必说，那一点就代表“小”。太极的意思是大极了，又小极了。在我们家里面，也有这样一个人，大的时候非常大，小的时候非常小，那就是太太。有时候她比谁都大，可是有时候又比谁都小。所以当太太的就要知道，该大的时候才大，该小的时候就要小。在公婆面前，她最小；关起门来只有丈夫一个人的时候，她最大。这才是会做太太的人。该大不大，该小不小，大小搞得一塌糊涂，这个太太就不称职。

在家里面讲伦理，并不是牺牲晚辈。夫妻双方都要记住一句话，吃亏才占便宜。其实会做人的人，是会吃亏，而不是占便宜。很多人只讲到“吃亏就是占便宜”，其实进一步讲，能吃亏你就占到便宜了。有明就有暗，有看得见的，就有看不见的，这是不变的道理。看到的部分是吃亏的，看不到的部分一定是占便宜；看到的部分占便宜了，看不见的部分一定吃亏。明的占了便宜，暗地里就吃了很多亏；明的吃了亏，暗地里却会占很大便宜。所有占便宜的人，最后都是吃亏的，亏在哪里？就是因为他占了人家的小便宜。

把该大该小和吃亏占便宜合起来讲，如果太太懂得在公婆面前表现得小一点，尊重孝敬公婆，时时维护先生面子，这样看得见的部分好像是吃了点亏，但是在丈夫心中看不见的部分却换得了很重的分量，当然就是占了很大的便宜，夫妻间还有什么比为夫所敬更重要的呢？如果太太在公婆面前样样都要显得很大，丝毫无所顾忌，处处都令先生为难，虽然看得见的部分似乎占了便宜，但是在丈夫内心看不见的部分完全丧失了夫妻应有的情分，那样的便宜占的有什么价值？那样的大要来有什么用处？像这些事情应该是很容易想清楚的。

卧室里面才是夫妻

很多年轻人将哪里都当卧室，常常做出一些不尊重自己，也不尊重别人的举动。有一对年轻的夫妻到我家，两个人在一个沙发上贴得很紧，完全像抱在一起一样。我不方便跟太太说，就问先生：“你是觉得我家的客厅太小了，还是怕有人把你的媳妇抢走？我这么大年纪了，抢你媳妇干什么？”下楼梯时，两个又紧紧地抱在一起，我说：“她会摔跤吗？我一把年纪才会摔跤，你怎么不扶我却扶她？”

现在这种人很多，有的媳妇常常当着婆婆的面跟先生抱来抱去，先生下班回家赶紧上去嘘寒问暖，婆婆看到心里会舒服吗？她心里会想：儿子长大了我自己都不搂了，为什么你一天到晚搂着媳妇不放？回来要问候也是先问候我，怎么会轮到她呢？婆婆会这么想，是婆婆小心眼吗？当然不是。人有七情六欲的冲动，夫妻会有一些亲密的行为都没错，但是只有在卧室里面，只有夫妻单独的情况下，怎么传情、怎么亲密，才是两个人的事情。要做夫妻，回卧室去做，干吗非要当着婆婆面呢？千万记住一句话：夫妻只有在卧室里面才是夫妻。一走出卧室的门，就不是夫妻了。我们要么是子女的爸爸、妈妈，要么是公婆的儿子、媳妇。中国人常讲一句话，人人要自重自爱。自己看重自己，别人自然尊重你；自己看不起自己，别人为什么要看得起你？夫妻要得到一家人的尊重，必须及时地调整自己的角色。到处都是夫妻行为的表现，就叫角色混淆。

【坤道感悟】

千万记住一句话：夫妻只有在卧室里面才是夫妻。

自由是有限度的，是以不自由为基础的。每个人都有一部分不自由，大家才有相对的自由。想想看，一个房间只有一个人，窗子爱开就开，爱关就关，会有百分之百的自由。一旦有了两个人，你要关他偏要开，你要开他偏要关，自由马上就减少一半。来了第三个人，就只剩下三分之一的自由。只要有四个人，自由马上变四分之一了。自由不是没有限度的，媳妇在婆媳之间要有所忍耐，要扮演好自己的角色，才会得到家人的尊重，才能有婚姻的空间。

第八章　御外之道

——用关心关住他的心

结婚以后，夫妻两个人构成一个圆，只有将这种关系长久地保持，才叫圆满。只要第三者从任何一个角度进来，这个“圆”就会破碎。一般来讲，以前的人都比较守分，而且人际交往也比较单纯，所以发生外遇的机率比较低。现在男男女女到处有交往的机会，而且很多场所还提供这样的方便，所以今天外遇的问题越来越严重。这不仅是一个严重的家庭问题，也是一个社会问题，所以有必要把外遇的事情好好探讨一下。

女性会有外遇，多半是认为自己嫁错了人。只要脑海里面有嫁错人的观念，很容易产生外遇。男性会有外遇，一种是因为贪心，有了一个太太还不够，还想再找个“小三儿”显示一下自己；另外一种是因为经不起诱惑，这也是事实。但是不管怎样，两个人要么不要结婚，一旦结婚，就要联合战线，一致排外，共同抵御第三者，这个道理对女性的保护是超过男性的。一旦婚姻破裂，男性再找一个妻子的机会比女性再嫁一个合适丈夫的机会多，因为女性通常比男性老得快，这也是难以改变的自然规律。

今天都说“新好男人”，一个好男人的首要一条，就是婚后感情要专一，除了太太以外，任何人都是朋友，这就是婚姻的排他性。但是很多人分不清什么是朋友的友情、夫妻的爱情和家庭的亲情。往往是朋友之间也掺杂爱情，甚至同事之间也想寻求爱情，相互混为一谈，产生很多的后遗症。所以首先要把三者之间的界限搞清楚，坚守这个自然的界限就不会混乱，就不致造成很可怕的后果。

夫妻二人除了坚守界限，还都应该与其他人维持适当的距离，以求安全。我们戴结婚戒指，就是告诉别人：我已经结婚了，你少来招惹我，我也不会去追求你，因为都已经没有这些权利。很多人自以为可以把握分寸，甚至以此自我考验，认为与异性朋友只是逢场作戏，或者是增加点婚姻感情之外的“调味品”，不会影响到正常的家庭生活。往往就是因为这样的一念之差，才会掉到泥潭当中，最后怎么爬都爬不出来。所以，谁都不要去做这种游戏感情、游离于其他异性之间的事情，挑战自己的后果都是玩火自焚。

第三者是很厉害的，而且来者不善、善者不来。有一个在国际上很有名的学者，年纪一大把了，却与太太分开，跟“小三儿”同居了。我很好奇，就问他：“你的太太端庄大方，你为什么还要找其他人呢?”他的答案很有趣，也很好笑：“我太太是不错，但这个小太太却会给我洗脚。”他没有想一想，这种事情会持久吗？如果一时冲昏了头脑，连这个也信的话，是非常不理性的。

我们说过，双方都重视情操，夫妻都保持贞操，是婚姻的最大保障。一个婚姻观念坚定的人，别人再怎么引诱，都会无动于衷。自己三心二意，才会假装糊涂半推半就；自己缺乏原则，才会爱上不该爱的人。现在社会上乱象丛生，就是因为很多人缺少这种应有的观念和必要的坚持。可是第三者永远存在，而且越来越厉害。第三者想要抢走别人的先生，一定会极力讨好，一定会做很多太太不愿意做的事情。国际闻名的学者都会上当，更何况一般人呢？太太只是去怪先生忘恩负义毫无用处，夫妻双方都要负起责任，而不是一方的责任。太太为什么搞不过第三者，这是需要自我反思的事情。等到事态爆发出来再去处理，当然不如防患于未然。

内外兼修展露笑容

社会上的温暖来自于女性的微笑，这句话是不争的事实。因为社会是现实的，胜败经常是一翻两瞪眼的事情，不是赢就是输，根本没有打平的说法。在这种状况之下的男性，不是不想笑，而是经常笑不出来。但是女性比较容易保持和蔼的笑容，这也是女性与生俱来的特长和优势。

很多女人经常在先生面前哭哭啼啼，分明是在说先生没有用。要么是嫌照顾得不够好，要么是觉得钱不够用，要么是怪先生在外面被看不起，就是这样而已。男人对这方面十分敏感，如果太太整天哭哭啼啼地抱怨“谁都比你强”，丈夫只会恼羞成怒：“你觉得谁好找谁去！”根本不会想去力争上游。

中国人不太相信别人嘴上讲什么，这是跟西方人不一样的地方。太太一天到晚一脸苦相，就算跟先生讲“不用怕，争气就好，努力就有前途”，也是没有用的，他反而会觉得是在讽刺他。当然，太太更不能跟先生讲：“我的同班同学现在都比我们有钱，我只是不忍心跟你离婚，希望你好自为之。”他心里会想：算了，干脆离了吧。其实这很容易理解，太太给先生面子他会珍惜，让他丢脸他干脆撕破脸算了。中国人只要撕破脸，我们拿他一点办法都没有。

中国人更相信自己内心的感觉，所以聪明的女人一定是笑着对男人说：“我没有什么可抱怨的，其实你现在不比别人差，我对你有信心。”太太在他面前笑，他会明白是故意这样表现，是在给他面子，他会很惭愧：“这么穷你都没有抱怨，我再不争气怎么行？”他自己就会觉得很不好意思，然后奋发图强，希望有一天能够真正让太太从心里面笑。女人的笑容是对男人最大的鼓励，会帮助男人不断地成长。从古到今，很多很多了不起的女性都有这样的修养。

【坤道感悟】
女人的笑容是对男人最大的鼓励，会帮助男人不断地成长。

一个脸上没有笑容的女性，基本上已经失去了女性的美德。但是我们要了解，中国人内外有别，在职场上的笑容跟在家里面的笑容是不一样的。职场上的笑容只是礼貌而已，没有多少感情的成分，更不能投入男女的感情，这样才会安全。家里面的笑容不只是礼貌，而是包含着很充沛的感情在其中，是一份由家人的亲情而产生的感情。

我们常说“女为悦己者容”，其实不单是说外表漂亮不漂亮，内在的美才是最重要的。很可惜现在大家都看不见内在美，反而专门重视“外在美”。所有的媒体广告都在说发型很重要、衣服要时尚……其实这些外在加上去的东西，都是虚无的、不可靠的。很多影视明星外表看起来很漂亮，但是卸妆以后简直没法看。

有时你看到一个人，猛一看什么都好，然后越看越不行，这个人就是只有外在而没有内在美；如果一个人乍看不起眼，没什么出彩的地方，但是时间长了你发现她并不涂脂抹粉，可一年到头气色都很好，跟她讲话也觉得很舒服，那这个人就有内在美。内在美是经得起琢磨、经得起品味、经得起长期印证的东西。两个人不仅要幸福美满，还要经得起时间的考验，内在美就显得非常重要。

天底下最难的事情就是了解自己。我们比较容易了解别人，却真的很难了解自己。有空的时候经常照照镜子，不要只看发型美不美，妆匀不匀，多观察一下自己内心的变化是怎样投射在脸上的，看看同样的笑有什么不同的内涵，体会一下给人家的感觉是怎样的。

今天有些女性很奇怪，缺乏内在美不说，去外面的时候会打扮得光彩照人，在家里的时候却邋里邋遢，把漂亮的一面留给别人，把最难看的一面留给先生，这对先生也太虐待了吧？是准备把先生气跑吗？

为夫所敬更加高明

【坤道感悟】
先在恋爱中为夫所爱，再在婚姻中为夫所敬，女性这样的姻缘是最成功的。

作为女性，要记住一个原则：首先为夫所爱，然后为夫所敬。爱是不会长久的，因为人会变老。先在恋爱中为夫所爱，再在婚姻中为夫所敬，女性这样的姻缘是最成功的。千万要记住“施恩勿念”，不要一天到晚跟先生讨人情。我们帮助别人，要看做是自己应该做、乐意做的，而不是为了让别人感谢。对方会不会“受惠勿忘”，那是对方的事情，自己不要给予对方任何恩情的压力。会感谢当然好，不感谢也无所谓。尤其是夫妻之间，更要抱持这样的心态。

人情不是靠讨来的。人情不讨，人情永远在；人情一讨，什么都没了，连本带利都讨回去了，最后只能落得一场空。“不是我给你买，你会买到这么漂亮的衣服”，“没有我爸爸的帮忙，会你有今天吗”，“没有我把家里搞好，你能安心在外面”，这种话讲出来只有坏处，没有好处。太太把家里的事情安排得井井有条，没有任何要讨人情的成分，先生自然会从心里敬重妻子，这个就叫做抓住了丈夫的心。

有一次到朋友家里，一进门他的太太就讲：“今天我特意烧了红烧狮子头给你们吃……”那个朋友也不客气，没等太太说完马上就反问：“你自己不吃吗？明明是自己喜欢吃，还说是烧给我吃的！”吃饭的时候，太太又问先生：“你觉得我烧的狮子头比外面餐厅的怎么样？”这样的问题叫先生怎么回答呢？先生说：

“你烧得比外面还好。”太太会说：“你少骗人，人家是专业的，我怎么比得过？”如果先生说真话：“哎呀，人家是专业的，你跟人家怎么比得了？”那太太还是会生气：“那你去外面吃好了，我辛辛苦苦烧给你吃，你还嫌我不够专业。”非要问这些问题干吗？分明是自找麻烦。但是我们的女性经常这样做，弄得先生左右为难下不了台。下次太太再烧了狮子头，打电话让先生回家吃，先生心里会想：你烧的狮子头我还敢吃吗？还不如找个理由不回去了，省得再被你讨人情。

女人最要紧的，就是抓住男人的心。可心是看不见的，所以先抓住他的肚子是很有用的一招。以前的女人很会做菜，做到让先生在外面都吃不饱、吃不好，一定要回来吃饭，她就成功了。像我的外婆，她做的那个料理，外面根本吃不到。所以我外公每天晚上的应酬，能推的都推掉，一定要回来吃饭。我外婆说："有事情的话，你就在外面吃完再回来吧。"外公说："不行，事情不吃饭也能谈，饭还是你做的好吃。"女人抓住了男人的胃，他就跑不掉了。

女人要会烹调、会针线、会做很多男人不会做的事情，一定是有道理的。男人衣服的扣子掉了，笨手笨脚地不会缝，妻子帮他缝上，他就很佩服妻子。而现在我们却是："扣子掉了，你自己不会缝吗，你没有手啊，你没看到我在忙啊？"那丈夫还敬重妻子什么呢？能让男人依靠你，这才说明你能干。

在日本，丈夫要出差，妻子会替他整理皮箱，连每天怎么做都给他写清楚：某月某日穿这件衣服，某月某日打开这个包……丈夫完全不知道妻子给他放了些什么东西。到了酒店赶快打开皮箱，这是第一天的摆这里，那是第二天的摆那里，每天按照太太的规定穿衣服。这样好不好？日本的男人因为妻子照顾得太周全，很多人一退休就自杀。因为退休以后，丈夫发现自己在家里完全是陌生人，什么东西都找不到，只好去跳楼了。所以很多事情要有个度，过与不及都不可以。丈夫不依靠妻子，随时会离开；先生过分依赖妻子，就没有自尊心了。

老实讲，丈夫不是靠管的，管得太紧也没有用。而且妻子管得越紧，丈夫花样越多。因为他心里会想：反正你不信任我了，我还让你信任干什么呢？有一次几个朋友出差，其中有一个人的太太，一直怀疑先生在外面有不正当的行为。于是这个朋友就把我们请到他的房间里面，拨通他太太的电话："我们正在房间里面讨论事情，你不相信可以问问大家……"然后一定要我讲几句话。夫妻相处到这种程度，真的是很可悲。

女性要抓住丈夫的心，最好的办法就是关心他。一个人被别人关心的时候，是完全没有抵抗力的，心就被你关住了，人就跑不掉了。把人关住没有用，因为关不了他的心；而关住了他的心，人跑得再远，心还在你身边。所以我们说，人在那里，心不一定在那里；而心在那里，人一定在那里。什么时间说什么话，什么时间做什么事，什么时间有什么样的表现，自己要去衡量，要去调整。这就是修养，不需要讲太多高深的学问。

事先防范冷静对待

人心是善变的，这点非常可怕。原来可能好好的，但是说变就变了。婚姻会出问题，就是因为变心了，心一变是很难挽回的，曾经的山盟海誓、永不变心都不再奏效。老实讲发誓对外国人还比较有用，但对中国人基本上没有什么用。中国人的观念是一切决定在我的心，我认为有用就有用，我认为没有用就没有用。所以一定防要患于未然，不要相信什么誓言。

结婚手续和结婚典礼，是对婚姻的一种基本保障。结婚的时候一定要办理结婚登记，领取结婚证，完成合法的婚姻手续。有了法律的保护，一旦出现第三者，还可以到法院起诉。如果没有这种基本的保障，就是一种自由竞争的状态，怎么界定谁是第三者，又凭什么去告人家？此外，结婚也一定要有结婚典礼。婚礼不是仪式，也不是形式，更不是搞排场。它的目的是在隆重的公开场合，通过在场的众多亲朋好友，共同证明两个人的结合不但合法而且合理，以后谁都赖不掉。千万不要上当，认为誓言高于一切，婚礼是很无聊的形式。

先生有了婚外情，难道太太一点不知道吗？在外遇的问题上，最可怕的就是第三者已经闯入了，可是另一方却浑然不知。等到有所发觉的时候，已经造成了严重的事实，甚至发展到了无法挽回的局面。“怀疑”和“警觉”这两个词，听起来好像一模一样，但其实有所差异。怀疑只是想法，而没有动作；警觉不只有想法，还有主动去了解情况的动作。夫妻一旦离心离德，其实会有很多不正常的表现，应该很容易感觉出来。中国人最高明的，就是用关心对方来了解对方，用关心来事先警觉防范。

先生每天晚上都加班，就要打电话去公司，或者策略地问问他的同事，是不是真的有这么忙呢？有，那很好，赶紧多做点好吃的，犒劳一下先生；没有，那当然就要问问去哪里了，而且为什么还要找加班的借口。先生回家，太太要帮他拿衣服，也是有道理的。因为太太不能直接说“你把衣服脱下来，让我检查检查有没有什么可疑的问题”，这就不像夫妻了。在替先生整理衣服的时候，顺手摸一摸口袋，如果里面经常装着很多钱，每一次出去回来都花光光了，这就属于不正常的风吹草动。

先生最近在家里面表现得特别乖，聪明的太太就要想他在外面会不会有问题，不然这么乖干什么？很多人在家里表现得越规矩，在外面越乱来。人一定需要一个平衡点，在外面偷偷摸摸，在家只好装得有模有样，因为心中有鬼才会鬼鬼祟祟。貌合神离的婚姻毫无幸福可言，装模作样的日子彼此都会难过。人要过实在的生活，不要自欺欺人。能够正常、自然表露自己本性的人，才是可靠的。

“爱他就让他自由”，这种观念是错误的。爱他就要限制他，什么都不限制，根本不是真爱。想想看，其实从开始爱一个人的时候，就已经在规定他了：不可以这样，不可以那样。如果这个人不是自己的男朋友，他爱看谁就去看谁，爱去哪儿就去哪儿。一旦变成了自己的男朋友之后，就开始干涉他的行动、限制他的自由了。但是现在很多女性恋爱的时候规定很多，结婚以后就慢慢放任自流了。如果太太对先生漠不关心，就算有什么蛛丝马迹也毫无感觉，等到事态严重的时候就来不及了。这不是不相信，而是对先生负责任。若是完全不关心，让先生有充分的自由，最后迟早会出问题。

应对外遇六个原则

不管是闯进来的，还是自己去找的，婚外发生感情的纠纷，都叫外遇。纯粹是感情的原因，还比较容易解决。只是因为谈得来多见了几次面，没有发生性关系，都可以比较宽松地解释为“友情”。但是一旦发生性关系以后，想法就不一样了，就非常不容易解决。所以我一再说要有情操，要保持性关系的纯洁性，其实是考虑到方方面面的。外遇能够事先防范当然最好，但是一旦发现丈夫确实有了外遇怎么办？我们提出六个原则以供参考：

第一，刚发现时自己保持冷静。

妻子一旦发现丈夫有外遇，首先要冷静面对，千万不要情绪化。女人提出离婚是用男人的错误来惩罚自己，是对男人最大的解放。如果我是女人，男人在外面有了外遇，我就装作不知道。要跟我离婚？免谈！看谁拖得久。男人本来就迫不及待地要离婚，没等他说出口，女人先自己拍着桌子跟他闹离婚，自己还觉得很神气，岂不是成全了他们？即使不是上当受骗，也是正中下怀。这样做不是傻瓜吗？

离婚以后，男人很快就又结婚了，但女人多半要抚养小孩。而且女人衰老得很快，还能找谁？男的只要有钱，再老也有人要，这是非常奇怪的事情。若是读懂了《易经》，我们就很容易知道，女孩子跟"七"有关系，所以叫妻子。二七一十四，女孩十四岁就成熟了。七七四十九，女人到四十九岁差不多就停经了，不会再生育了。男人跟"八"有关系，二八一十六，男孩大概十六岁才成熟，比女孩晚一些。但是八八六十四，男人到六十四岁了还能生小孩，这就是自然规律，不可改变的。

对待外遇的问题，我们的目标是让对方迷途知返，而不是干脆逼上绝路。人生难免偶尔有过失，难免偶尔控制不住自己。先生糊里糊涂做了错事，就算糊里糊涂是他的借口，借口就借口，只要能够回心转意就好。婚姻追求的是圆满，就算当中曾经有一点裂痕，只要能够和好如初，最起码还是个整全的东西。

太太一开始就检讨他，一开始就规定他，一开始就报复他，这些做法都是情绪化的反应。最后一定是两败俱伤，对谁都没有好处。很多婚姻的危机，本来可以挽回，就是由于缺乏冷静的应对，最后搞到无路可走。事后再来后悔，那就是最下策。已经有一个人在破坏了，自己再不冷静，岂不是跟第三者一样了？我们把这个事情讲出来，把这个帐算给大家听，要怎么做各人自己去斟酌。其实女人离婚以后再去找一个人，找来找去几乎跟之前的那个人一模一样，因为不管怎么看就是喜欢那种类型的人。

第二，最好先检讨自己的缺失。

我们不主张一有问题，首先想到的是去推卸责任。因为问题不会随着责任的推卸而消失，推来推去依然存在，根本无法得以解决。而且就算把责任推给对方，对方也不会接受，反而会更加反感，更加变本加厉。事出必有因，把原因找出来，然后从根本去解决，这是比较高明的一种方法。在问题的解决上，懂得反求诸己永远是最有利的。太太与其去骂丈夫，倒不如改变自己。先想想自己有什么过错，先来改善自己的行为，这样对方也会跟着改变。

【坤道感悟】懂得反求诸己永远是最有利的。

有的太太一见到先生回来，就开始抱怨“你知道家里有多少事情吗”，“你知道我洗多少碗吗”……先生听了就会一肚子火：我在外面不更是一堆的事情吗？我下班早早地回来，就是听你唠叨的吗？脾气坏一点的更糟糕，两个人可能就吵起来了。先生也不傻，慢慢下班后就会跑出去喝酒、找人倾诉，然后交往了不该交往的人。如果先生回家后，有东西太太帮忙接一下，没东西让他坐下休息会儿，等心平气和后再来讲话，还会出现后面一连串的问题吗？太太逐渐把家庭的氛围搞得温馨一点，先生慢慢愿意回家了，外面的关系自然就断了。现在越来越多的男人，下班磨蹭到很晚才回家，就是回家后太太啰嗦个没完没了。人都是有良心的，实际上太太平常多关心关心先生，先生是不太容易有外遇的。

我们再说一遍，想要改变对方，唯一的办法就是先改变自己。自己改变了，对方就跟着改变；自己不改变，对方永远不会改变。像这些事情我们重新来做一个界定，就会知道应该怎么调整自己。

第三，不可以牙还牙以资报复。

以牙还牙就是你有外遇，难道我不会吗？你给我难堪，我也给你难堪；你不遵守情操，我也可以置之不理；你没有贞操观念，我比你更厉害；你找个漂亮的，我就找个更帅的；你找有钱的，我找的更有钱——这就叫以牙还牙。

其实，以牙还牙已经是在放弃婚姻了。中国人常说，东西是新的好，人是旧的好。婚姻不到最后关头，永远不要轻言放弃。太太觉得现在的先生很坏，但是会坏到什么程度，已经十分清楚了。离婚以后再换一个，就一定会比这个好吗？谁也不知道。既然这样，还下这种赌注干什么？离婚是非常不得已的事情，不要开始就去考虑。其实离婚之后，后面的问题更是一大堆，不是想象得那么轻松。人生区区几十年，青春更加短暂，换来换去，到最后往往一无所有。

第四，激发妒意可能促其回头。

一个人总有些理性，虽然不多，但这个时候就需要发挥理性了。因为婚姻需要适度的限制，感情也会产生合理的嫉妒。太太可以故意在先生面前跟一些男性谈笑风生，表现地比较亲近。当然这样做的目的，不是真要去争取其他男性的好感，更不是自己也要寻找外遇，而是激发先生的嫉妒心理。如果先生有嫉妒的表现，太太不能说“你都可以，我怎么不可以”，而是要调整自己的行为。通过这个过程让先生心里明白：我不希望她这样，她会改正自己，我自己的做法是不是也要改正呢？否则真的会失去这个太太。这样先生可能慢慢地就会调整过来。有些太太却跟先生说：“像我这样的妻子，你到哪儿找？居然还到外面去乱搞，真是瞎了眼。”太太要让先生自己感谢她，而不是主动表示对他有很大的恩情。当然，如果先生一点妒意都没有，更要提高警觉，就要寻求父母的帮助了。

第五，事态严重请父母多协助。

如果事态发展到好像不可收拾的地步，就要考虑请父母出面协助解决，不要因为顾及面子而全部自己去扛。那么，是先跟自己的父母来说，还是先跟公婆去讲？我们认为在哪里发生的就在哪里解决比较好，另外先跟公公讲比先跟婆婆讲要好一些。太太对公公说：“他最近有些状况，我不晓得是真还是假，可不可以请您了解一下。”公公了解情况之后，就会跟先生去谈，因为父子沟通起来比较容易一些。公婆出面的时候，太太最好不要再去讲话，看公婆怎么调理就好。不能认为公婆都出面了，就趁势不依不饶，那最后只会大干一场。什么事情如果准备大干一场，最后不会有好结果。

第六，必要时可以动员全家人。

必要的时候可以动员全家人对付、孤立有外遇的一方。这样的力量当然最大，可是要看平常跟全家人相处得怎么样。平常全家人都得罪光了，这个时候谁也不会真心帮忙，甚至会看笑话。所以我们常说平日做人很重要，只有平日善待他人，等到紧要关头的时候，大家才会伸手帮忙。如果平常趾高气昂，而且得理不饶人，吃亏的永远是自己。理直不能气壮，反而要气和。军人有正气，正气凛然才能战无不胜。商人讲和气，一团和气才能生财有道。家庭不是讲法的地方，也不是讲理的地方，而是讲情的地方。讲情就要以和为先，而不是以理为先。很和气地去讲道理，别人才会听得进去。气很壮的时候，就算理再直，别人也很难接受。最后虽然道理在自己这边，但是失去了所有的人。

“人非圣贤，孰能无过”，人生当中犯错误很正常也很平常，而且几乎是必然的过程，但是很多错误并不是绝对不能原谅的。家庭温馨的感化力量是学校、法院、社会都做不到的。中国社会以情为主，情的文化是世界上很宝贵的东西。中国人看起来很柔弱，实际上很懂得以柔克刚的道理。借助全家人的力量，用亲情感化先生，让他感觉到很不好意思，让他自己去改变。有个成语叫做委屈求全，要“求全”一定会有委屈。听起来好像对自己很不利，但是如果对方回心转意，真的可以破镜重圆，就要开始谅解他。告诉先生“我也是做得不够，你才会这样”。两个人慢慢修正，危机得以解决，以后也不要再旧事重提。但是，也不能一相信就又放松了，因为他是有记录的人，所以更要小心注意。

面对离婚六个要素

外遇对个人、对家庭、对社会都是害处多多。为了那种短暂的、奇怪的、自以为很快乐的关系，而导致无穷的、长期的苦恼不值得。一句话：伤害任何人，最后一定伤害自己。只要两个人都力争上游，先生的表现越来越争气，太太的表现越来越柔情，彼此都让对方舍不得，而不是视为累赘，怎么会有婚外情？

当然，夫妻并非绝对不能离婚，如果万不得已要走离婚的道路，那也要有离婚的一套方法。很多人会觉得谈这个话题很无聊，其实就像面对死亡一样，我们对不可知、对无法掌握的事情，多多少少会有一些恐惧。只要事先了解清楚，到时候就会心安理得地坦然面对。人迟早是要死的，谈谈又怎么样呢？讲离婚的问题，也是一样的道理。

第一，离婚之前分居一段再说。

当局者迷，旁观者清。碰到别人离婚，我们往往会给出一些正确的建议。但是一旦发生在自己身上，就会晕头转向，而非旁观时那么轻松。所以感觉非离不可之前，最好先行分居一段时间，三个月、六个月，或是一年都可以。因为一旦办理离婚手续，那是彻底撕破脸皮，再去挽回难上加难。

分居一段时间，既是给自己的婚姻危机找到一个旁观者的立场，同时也是一种缓和的方式。情绪降温以后，考虑考虑父母子女，回想回想往昔情分。相互从长计议，说不定会有跟以前不一样的认识和思考，可能发现很多回旋和缓转的空间。只知进而不知退，其实是有勇无谋的人。在这个过程中，知退的人收获最多，因为让出的空间大，得到的东西就多。世界上有勇无谋的人太多了，何必再参加这个队伍呢？我们都看到很多分居再复合的案例，不但和好如初，而且愈发珍惜彼此。因为有了这段经历，更加懂得要控制自己的情绪。

第二，一方让另一方全盘控诉。

坦白讲，夫妻吵架并没有什么天大的事情，只是因为一时在气头上，才会认为日子简直没法再过。事后想想，自己都会觉得可笑。曾经有一个先生，太太要跟他离婚。他找来一块白板，然后对太太说："你要选择离婚，一定是我不对。你先把认为我不可原谅的错误，一条一条地写在白板上。如果我不能给你满意的答复，那就按照你说的离婚。”太太觉得这个主意不错，就开始一条一条地列举先生的罪状。可是太太写了擦、擦了写地折腾了半天，也没有想出有哪条是不可原谅，或者责任完全在先生身上的错误，最后说算了算了，还是不要离婚了。

其实还有太多的方法，可以化解冲突。如果当时很生气，气到胃痛，气到晚上睡不着，就到书房拿出一沓信纸，把心里的不愉快、把所有难听的话统统写在上面。但是希望做到一点，不要马上拿给对方看，不要马上叫对方起来当面算账，自己写完就去睡觉。等到第二天醒来再看，会发现其实根本没有什么大不了，随手一撕就会过去。

两个人都在气头上，需要有一个人度量大一点，眼光远一点。但是不要总是冀望别人，而要从自己做起。自己先认错，先接受对方的控诉，对方也会认识到自己的问题，中国人就是这种个性。所以不要在气头上做任何的决定，我们希望的是两人和好如初，而不是从此不再见面，就这么一念之差而已。

第三，有子女要耐心做好安排。

父母离异，子女是最无辜的牺牲品，他们会顿时陷入完全失措无助的境地。孩子心里会想：你们都不要我了，那还生我干什么？这种心理的阴影很难磨灭，往往伴随孩子的整个青少年阶段。所以夫妇即使离婚，也要尽可能地求得孩子的谅解，减少对孩子造成的不良影响。父母要耐心地告诉子女：爸爸妈妈虽然不在一起了，但是依然会像以前那样关心你、爱护你……这样孩子的心理上可能会比较容易接受一些。

很多夫妇离婚的时候，把孩子叫过来问：“你是要爸爸，还是跟妈妈？”甚至在他的面前恶意地攻击另外一方，说出“男人是不可靠的，你看看你爸爸就知道了”之类的话，这不是为人父母应该做的事情。父母让孩子明白：爸爸妈妈不是故意要这样做，只是性格不合才会分开，不要认为这是爸爸的错，也不要认为是妈妈的错。孩子根本搞不清楚谁对谁错，为什么要把一些错误的观念灌输给孩子幼小的心灵呢？很多单亲家庭的孩子，长大以后畏惧恋爱、抵触婚姻、不相信感情，就是受到了上一代的不良影响。孩子将来要有自己的人生，这样造成的伤害是一辈子消除不掉的，做父母的没有权利剥夺他们的幸福。

第四，记住好聚永远不如好散。

一个人上台容易下台难，上台有机会就上去了，下台有时候根本就下不了，就算能下也常常下得很尴尬。离婚以后，两个人可以当做朋友，维持朋友的友谊就好。不能再像夫妻那样，动不动就提以前怎样怎样，以前如何如何。明明不是夫妻了，还谈那些干什么呢？但是，离婚不过是彼此不投合而已，而且分开是双方的责任，也不要变成仇人。

我们常讲一句话：好聚不如好散。聚的时候很高兴，散的时候成仇人，这样的情况并不少见。没有办法非得离婚，就要好聚好散，留得以后好见面。双方都要有这种素养，不要认为反正以后不见面了，坏话统统说出来。难道以后要参加宴会，都要打听有没有前夫在场，只要有他在就不去吗？也没有必要。况且曾经相爱过的人，本来也不是仇人。相聚全凭机缘，好散要靠修养，这是很大的艺术。

【坤道感悟】

相聚全凭机缘，好散要靠修养。

第五，两家人不要弄成死对头。

结婚是两家人共同的大事，但是离婚只是两个人之间的私事。如果因为两个人的离婚，两个家庭亲家变成对头，闹到鸡犬不宁，甚至是你死我活的程度，那就是把人生看得太偏窄了。前面说动员两家人，是为了谋和，而不是为了拆散，更不是为了将来打群架。凡事要常常留有余地，不要把自己逼到死胡同，更不要把别人逼到无路可走。记住四个字：顺其自然。顺其自然，自然会留有余地；留有余地，才是顺其自然。

第六，离婚之后两人互不干预。

一旦办完手续离婚之后，两个人就不再是夫妻，不能相互干预彼此的生活。当然分居的时候，可以经常打个电话，经常送一些温暖，表示一些关心。既然离婚了，就从此各不相干，除非定期看望孩子，否则不要老去对方那里，也不要经常过问对方的情况。听到有什么重大的变化，心里祝福就好了。夫妻之间短暂的不愉快只是婚姻生活里面的一小部分，不要把它无限地扩大，扩大到好像要否定以前和以后的一切一样，这样没有必要。

人是观念性的动物，有什么样的观念就会产生什么样的态度，有什么样的态度就会产生什么样的关系。爱情就是两个人的感情关系，婚姻就是两个人的生活关系。这样的关系都是由两个人的态度所造成的，而两个人的态度是由不同的观念所造成的。所以，要想有美满的婚姻家庭生活，应该正本清源，端正自己的观念。其实，一个人一生要做的事情，就是使自己年纪越大，越不会为了年轻时的那些事情而脸红。很多人年轻的时候搞很多花样，年纪大以后想起来就脸红，就不好意思，生怕被人家提到。为什么要弄很多包袱加在自己身上呢？

看看自己，看看你附近的人，看看你认识的人，现在的爱情、婚姻、家庭到底出了什么问题？然后一起把它整理出一个头绪，一方面让那些还没有成家、还没有结婚、还没有谈恋爱的人有所遵循，最起码让他们知道有这条路可以参照，可以试着去走走看。另一方面让那些开始不安分的人反省，怎么样来补救，怎么样花一点时间改善现有的状况。同时，使那些真正到了破裂边缘的人也知道该怎么办。这样做对于那些还没有进入的，或者已经在里面的，或者即将被淘汰出局的人，都是很有帮助的。

子女篇

第九章　亲子之道

——亲子关系以人为本

成家立业是人生中的两件大事。成家包括结婚和生育子女，立业指的是为人父母必须努力使家人的生活获得保障。子女是成家立业的原动力，在家庭中意义十分重大：子女是父母亲生的骨肉，是父母老年的依靠；子女是家庭的新生力量，是家庭特色的传人；子女也是社区参与的分子，是未来的主人翁。所以教育子女看起来是家庭务事，实际上却影响到邻里社区、国家社会，甚至人类世界。

人生不过是一连串的关系，我们经常说某人十分幸运，其实只要三种关系良好，自然就会幸运。第一个，亲子关系。出生之后跟父母相处得很好，家庭很温暖。第二个，师生关系。上学以后碰到一位好老师，学得很起劲。第三，职场关系。工作以后得到上司的器重，获得充分的机会。人生就是由各种不同的关系串联起来的。一生当中亲子关系很好，师生关系很好，然后职场又很顺畅，难道还不够幸运吗?

对于亲子关系，中西方社会都以善为目标。不过西方的善，以真为基础；中国社会的善，却以美为基础。如果大致区分，亲子关系可以分成三种类型：朋友关系、血缘关系和教养关系。西方人的父母和子女比较偏重于朋友关系，重诚信，讲义气，彼此之间也很客气，属于一种感情主义。如果志同道合，当然其乐融融。但是万一意见不合，也很容易离散。现在很多人十分赞同这种方式，殊不知变成朋友关系之后，子女只是在众多朋友之中，又增加了一对大龄的朋友，却失去了唯一的父母；父母也只是多了一个年纪轻的忘年交，除了法律的义务和权利之外，不必对子女负起其他的责任。

过去我们比较偏重于血缘关系，重伦理，讲和气，认为子女的身体发肤受之父母，大家都以为家庭不应该自私自利等等。但是太偏重血缘关系，往往不一定重视品德，很可能是非不分，逐渐趋向利害主义。因为胳膊总会向内弯，常常父为子隐，子也为父隐，一旦有人受到伤害，全家人也会团结一致，非要讨回“公道”不可。

前面说过，在家庭成员的对外活动中，我们倾向于家庭参与和个人参与兼顾并重，从而使分中有合（家庭参与）与合中有分（个人参与）在同一家庭中并行不悖，一家人同心协力，在和而不同的和谐气氛下，营造一个家庭的独特家风。要达到这种现代化的家庭理想，良好的亲子关系是必要而且重要的基础。鉴于上面两种关系的弊端，我们现在希望以中国人的伦理精神配以西方式的科学方法，在父母和子女之间建立一种教养关系。一方面，父母就是父母，不是子女的朋友。父母可以站在父母的立场来做子女的朋友，子女却不应该因此而把父母当做朋友，以致心目当中没有父母。另一方面，教养关系非讲是非不可，而且一定要重视品德。说得更清楚一点，也就是用中国人的精神来调整西方式的方法，这应该是现代家庭所需要的亲子关系。

人是观念的动物，一切关系都由观念在做决定。观念不相同，所产生的关系就不一样。亲子关系由亲子双方所表现出来的态度、行为所决定，而双方的态度、行为又为各自的观念所左右。观念产生态度，行为决定关系。所以讲到亲子关系，首先是父母的观念要正确。父母具有什么样的观念，就会造就什么样的亲子关系。西方人骂人只是骂个人，而中国一开口就是“你爹妈是怎么教你的”。父母需要承担起家长的责任，因为将来算总账是算在父母身上，谁也没有办法逃避。

亲子关系不容疏忽大意、不能掉以轻心。父母的教导不是定期把子女叫来训责一顿就可以的，那是长官对部属的做法；也不是一句“上课时要好好听讲，下课后要按时完成作业”就能了结的，那是老师对学生的说法。父母一定要把自己的角色厘清：父母是一生一世的，父母的责任是无穷无尽的……父母先把自己的观念搞清楚，观念正确所表现出来的态度才会合理，亲子关系自然就会良好。

树立德本才末信念

中国人很喜欢讲一句话：不是冤家不聚头。没有任何一件事情是无缘无故的，我们的思想属于必然论，而不是偶然论。人和人之间会产生关系也是一样，转来转去都是有冤的人才会碰在一起。当然冤家也不一定就是坏事情，有看了就讨厌的死对头，也有看了就喜欢的欢喜冤家。所以中国传统观念中另有一番说法，认为亲子关系决定于两代人的恩怨：子女不是来报恩的，就是来报仇的。我们暂且不论这种说法的真假，因为刚刚说过，在我们的文化中，比较重视道德性的求善，而不是优先反应科学性

【坤道感悟】

子女不是来报恩的，就是来报仇的。

的求真。孔子说：祭神如神在。中国人通过“善”来求“真”，而不是用西方人的方式，把“善”的观念放在“真”的基础上来衡量。

在我们的现实生活中，子女的的确确存在两种不同表现：来报仇的子女，父母家财万贯，他帮父母花光败掉，父母生意兴隆，被他搞得一败涂地，就算父母身体很好，最后也被他活活气死。这样的败家子，就是典型来报仇的；来报恩的子女，父母的健康他会全心全意照顾，家境不好他会赚钱来补贴家用，父母名声不好他会通过自己的努力来改变，这种子女实在是难能可贵。

听到这种说法，很多人一定会着急询问：怎么分辨子女是报恩来的还是报仇来的？这充分反映了中国人对这些事情宁可信其有、不可信其无的心态。其实这种问题根本搞不清楚，只能用中国式的回答：很难讲！因为有的子女是用报恩的方式来报仇，而有的子女是用报仇的方式来报恩。

一个小孩非常乖巧可爱，深得父母的疼爱。父母对他也十分用心，一心一意要把他培养成有用的人。可是刚刚长到十几岁，突然一场意外死于非命，这就是用报恩的方式来报仇。老实讲，孩子很不听话、不乖巧，父母还不会那么伤心。但他的表现一直是报恩的，得到父母的欢心以后，用自己的早逝来报仇，更加让父母伤心不已，成为一生的痛处。孔子最喜欢的弟子颜回，聪明过人且虚心好学，可年纪轻轻就去世了。孔子对他的早逝感到极为悲痛，哀叹是老天带走了颜回。在一连串的打击之下，孔子不久也与世长辞。

相反地，一个小孩从小顽皮，也不听话读书，父母一直被他气得要死。而隔壁邻居家的儿子，从小成绩就好，一直令这对父母十分羡慕。自己的孩子好不容易熬到初中毕业，便不再读书，到一家工厂当了车间工人。而隔壁家的儿子，却出国留学，从事研究工作，更加令父母感到脸上无光。但后来自己的孩子对工作有了兴趣，技术越来越好，慢慢被提拔为车间的主任。直至父母年老生病住院，他忙前忙后照顾得无微不至，父母感叹只有他才是最可靠的。因为隔壁的儿子远走高飞去了美国，父母病床之前无人照顾，最后晚景十分凄凉。所以报仇报恩，不到最后谁也不知道。

人的一生变化难测，人性是善是恶也并未有定论。既然可善可恶，便证明教养子女的目的即在塑造子女。所以，父母不如不要去想子女是来干什么的，也不要盲目地论断子女是来干什么的。用心把握子女教养的过程才是关键。其实报恩报仇，一半天生，一半人为。天生来报恩的子女，父母如果不好好加以教导，就会忘记了报恩的初衷，或者不知道怎样报恩而变成报仇的孩子。天生来报仇的子女，也可能由于父母用心教养，化解了原有的仇恨，反而更加孝顺，变成报恩的孩子。原本报仇的报起恩了，岂不是人间的美事？教养的目的，不就在于此吗？

子女这一辈子是来做人的，父母教养最大的责任是要把子女培养成万物之灵的人。因为才能是做事的本领，品德才是做人的基础，通过好好做事来把人做好，才是人生的真正目的。父母教养子女，必须衡量轻重本末，以培养品德为优先，确立“德本才末”的信念，首要辅助子女愉快地把人做好。品德良好，才能越大越受人欢迎。品德欠佳，才能愈大愈危险。所以做人的品德修养，应该列为必修课，必须遵循一定的标准，没有人可以例外。

【坤道感悟】

才能不过是做事的本领，品德才是做人的基础。

人的品德并非生来就圆满，必须妥善教导，

才能改善原来的缺陷。而且品德的培养必须趁早为之，子女愈大愈不容易培养，因为做人的基础已经不稳固。千万记住，父母对子女实际上只能从品德方面期望，因为品德放之四海而皆准。父母只能要求子女做一个堂堂正正的人，除此以外真的没有其他的权力了。

【坤道感悟】父母对子女实际上只能从品德方面期望，因为品德是放之四海而皆准的。

父母可以要求子女热诚。因为全世界不管什么地方，你热诚对待别人，别人才会热诚待你。你看不起别人，别人一定看不起你。父母可以要求子女勤俭。因为谁也不能保证一辈子都富有，一夜之间便一贫如洗的事情太多了。父母可以要求子女努力工作，但是卖力绝不卖命。命只有一条，怎么能为工作而卖？中国人的性命，是用在国家民族生死存亡的时候……这些父母都可以要求，因为对子女一辈子都管用。父母还可以告诉子女：要注重健康，身体是自己的本钱；要远离毒品，这不是好玩的事情；要关怀亲友，才能得到大家的帮忙；要包容别人，因为每个人都有缺点；要与人协作，单打独斗很难成事；要奉公守法，不能做违背良心的事情……这些道理，到什么时候也不会错。父母时时刻刻都要提醒子女：规规矩矩做人，并且要实实在在做人。父母应该抓住这些共同守则，在子女身上打好基础，使子女站稳脚跟，其余的发展，可以依据子女的个性差异，将其教养成为独一无二的人。我们把亲子关系首先界定在品德方面，就是这个原因。

那知识的事情就不重要了？当然不是。德本才末并不是不重视才能的发展，而是把品德修养当成基础。每个人都会面临两个大的染缸，一个是家庭，一个是学校，二者对人的成长同样至关重要，分别负责渲染品德方面和知识方面。父母子女在入学之前，为子女打好做人的基础，培养一个品德优秀、习惯良好的孩子，然后让老师去教他知识和技能，这样才对。

品行的基础打好，先做一个好人，再来学习其他技能。这样所学到的东西才不会乱用，才不会用来危害社会，使父母蒙羞。现代的父母过于重视知识，急于要求子女早日学到很多知识和技能，甚至因为追求知识而影响到生活，实在是本末倒置，不知轻重。我们现在已经把家庭变成学校的一部分，只是为了课前准备和课后复习，几乎丧失了亲子关系的功能。很多父母不尽自己家庭教育中的责，偏偏去争学校教育的功，这是很奇怪的一种现象。父母如果十分明白这些道理，便不致盲目逼孩子小小年纪就承受那么大的压力，整天不是学这个，就是学那个。

【坤道感悟】

现在很多父母不尽自己家庭教育中的责，偏偏去争学校教育的功。

善尽启发子女责任

中国人常说“父精母血”，是在告诉我们，子女由父母共同孕育而来。但是请记住一点，子女是上天所赐，为父母所生，却不归父母所有。因为在中国人的观念里，上天就是自然，天地间所有一切都是自然的产物。人作为天地间的一分子，当然也是属于上天所有。子女是上天托付给父母的宝贝，所以父母对子女只有一种权利，便是教养权，而非所有权。父母要敞开心胸，完完全全地接纳自己的子女，没有资格挑选，也没有机会更换。

每一个子女都独一无二，有他的长处，一定也有他的缺点，都无可取代。这是自然的安排，是最合理的配合。因为社会需要多元，生活需要多彩，我们需要各色各样的人，不可以每个人都一样。试想所有人都喜欢红花，那其他颜色的花很快就不见了。正是因为有人喜欢红的，有人喜欢紫的，有人喜欢黄的，才会有各种颜色花的存在，世界才会五彩缤纷、绚丽多姿。

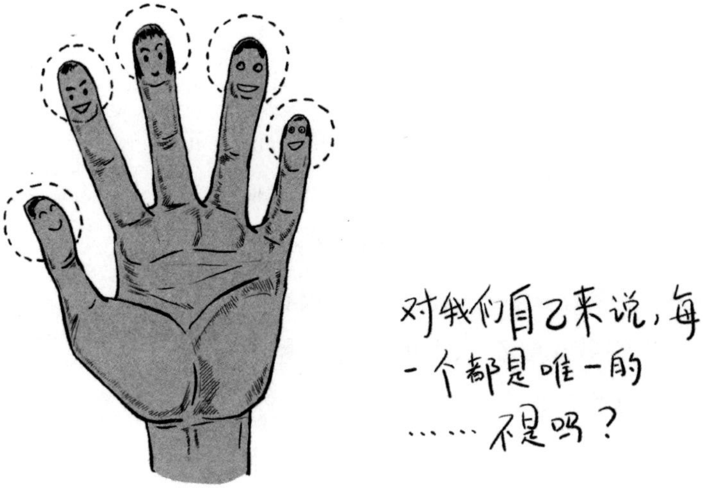

每个人降生到这个世界上，各人有各人先天的人生规划，也就是天命。一说到天命，很多人又会认为是在讲迷信。刚刚说过天就是自然，命是每一个人一生必然经过的轨道。老实讲，没有轨道怎么去走？自然给人一个使命，使其先天各有各的差异和特长，然后一生来发挥和运用它，在社会上扮演不同的角色，一辈子做不同的事情，这便是天命。生下来就有缺陷的，是先天的命运；生下来很强壮的，是先天的命运；生下来反应很快的，也是先天的命运。每个人的潜能是不一样的，有人把眼睛闭起来，可以在高空的钢丝上行走，想想看自己的儿子做得到吗？今天的科学把天命叫做DNA，这跟迷信没有关系，不要把天命想得太玄。

每个人都有一个先天带来的人生规划，但是一生下来就忘光光了，这是非常有趣的事情。人如果一生下来就知道自己这辈子的天命，其实也不是好事情。想想看，一出来就走一条路，永远不去尝试别的，人生就会很单调，可见上天对人实在是足够照顾。忘光光了就要从头开始摸索，叫做启蒙。启蒙不是灌输，不是非听父母的不可，而是启发子女本来就有的潜能。本来就没有，怎么能叫启发呢？上天为子女找到合适的父母，就是希望父母依据子女的潜能，启发出不一样的子女，而不是通过统一的模式、一致的标准把子女培育成制式的“平均人”。

怎么才能发现自己的天命，知道这辈子要做什么？其实很简单，我们往往只是不找而已，要找的话很容易了解：当做一件事情的时候，如果感觉单调乏味，甚至很不想做，就表示它不是你的天命；如果感觉到很兴奋，再辛苦也没有任何怨言，那就是你的天命，还用得着找吗？有的人做什么事情都半死不活，但一坐上麻将桌就精神百倍，那他这辈子就是来打麻将的；有的人在平地上无精打采，一到山上就豪情万丈，他的天命就是去征服高山峻岭的。

哪一天突然感觉到这就是自己一生要做的事情，那人生从此就改变了。按照这个方向做下去，一生就能走得很自然、很愉快、很圆满。所以摸着石头过河没有什么不对，只有通过摸索的过程，才能达到最终过河的目的，找到自己所要做的事情。很多人一直到四五十岁，始终还在河里摸索，不晓得自己究竟要干什么，永远上不了岸，那是在浪费时间，一辈子都很难有收获。

一个人一辈子做多大的事情，跟先天有很大的关系，不完全是后天在做决定。人活着只在做一件事情，就在证明自己能够完成什么事情。再说浅白一点，人活着只是在证明自己到底有没有成功的命。有，成功了，也不值得骄傲；没有，已经尽力了，也不是个人的罪过。所以孔子说“尽人事听天命”，我们只能尽人力，却没有办法控制最终的结果。

当然，谁都可以后天做自己的人生规划，可是不要忘记我们还有一个先天的规划。后天的人生规划跟先天人生规划很吻合，所有的计划都可以心想事成。后天的人生规划跟先天的人生规划背道而驰，事情往往难遂人愿。人生的自由非常有限，往往是当时不得不这样，然后不得不那样，现在不得不这般，最后不得不如此。老实讲，一个人活到五十岁再回头一看，会感觉到每个关卡都是必然的，没有一件是偶然的。

子女小的时候真的不了解自己，我们常说“小孩子不懂事”，就是说他对整个世界并不了解，他的人生刚刚开始起步，所以父母要提供子女摸索的过程。父母不顾及子女的爱好和特长，要求子女完全按照自己设定的方向发展，这样未免太过霸道。一个人一辈子做他不感兴趣的事，怎么可能会有所成就？但是，父母任由子女自己去摸索，那是不尽责的表现。所以父母一方面要划定一个安全合理的选择范围，顺应自然地让孩子尝试着去做各种事情。同时给予子女必要的辅导和指引，然后让他从中摸到自己喜欢做的事情，这才是父母的责任。摸索一段以后慢慢知道孩子的兴趣是什么，有什么样的才能，再开始去努力才会更有效。

世界上不是只有一条路走，父母给子女一个方向之后，要让他自己去选择发展的道路。父母一直逼孩子读书，逼到他对读书完全失掉了兴趣，一旦从学校毕业，他就可能一生都与书籍绝缘了。因为只是为了外在动机而学习，一旦学业完毕，学习行为就会随机终止，以致所学统统还给老师。有人会先做这个，有人会先做那个。孩子喜欢玩就先让他玩，玩到什么都不想玩了，只想读书了，那比什么都好。除了不勉强之外，父母还要明白人是会变动的。很多人开始读书成绩并不好，后来却成为了大学问家。还有人开始对某个事情没有兴趣，但是过两年又喜欢上了，所以一切都不必马上断言。

现在比较好的学校，是没有固定教材的，不是全班都学同样的东西，而是很多的东西摆在那里，要学什么自己去选，老师都没有意见，这就是摸索。不喜欢的就换一样，找到自己喜欢做的，然后慢慢去做。在这个过程当中，不合理自己就会改变，合理就一直学下去，这样就会慢慢找到他的天命了。一切都是自己要改变，而不是父母去改变他。

尊重子女个性目标

父母对子女有所期望，这一点全世界都一样。美国有一个关于父母对子女职业期望的调查，结果依次为企业家、医生、教师、体育教练、律师、专业工程师等。从这个顺序可以看出，父母总是希望子女的将来富足、稳定、自由一些。都说职业没有贵贱之分，可是把自己的孩子叫过来问他：儿子，你将来想做什么？若是回答：我长大想去开垃圾车。你是家长会作何感想？大概谁也不会说：儿子，你的理想真棒。所以从这个层面来理解，父母对子女有一份期待，这也是人之常情。

父母都说要给子女最好的，但是什么是最好的？有人说现在学土木工程工作机会最多，可是当子女毕业成为了建筑师，也可能所有的房子都盖完了；有人说当科学家最好，于是让子女拼命把理工科学得很好，长大以后却发现学文史的很吃香……这些都是有可能的事情。世界是会变动的，一方面很可爱，一方面很可怕。可爱的是因为变动人才会进步，可怕的是人经常因为变动押错宝。父母要明白，每一代人的生活环境都不一样，便会有每一代人不同的人生目标。正是每一代人的生活方式不一样，人类才会不断进步。

父母有自己的人生目标，有没有达成，那是父母自己的事情。但是很遗憾，父母常常把自己做不到的事情都寄望给了子女。“爸爸最大的遗憾就是没有上北大，你一定要考上北大”，“妈妈这辈子不能成为画家很可惜，你要给我好好学画”，这不是强人所难吗？子女是父母所生不假，但子女不是父母生命的延续，不是父母圆梦的材料。子女想要追求的是他自己的目标，而不是来完成父母的目标。父母的梦想无法实现，就寄托在子女身上，便是把子女当成了圆梦的材料。

【坤道感悟】

父母的梦想无法实现，就寄托在子女身上，便是把子女当成了圆梦的材料。

父母对子女不可能没有期望，我们关心子女，当然就会有期望。但是期望要合理，合理的子女会接受，不合理的子女会反抗，甚至会背道而行。除非子女自己有兴趣，除非子女有这方面的天赋，否则越勉强他越苦恼。父母过分地勉强子女，这种无形的重压会把他们逼得距离父母越来越远。想想看，为什么子女小时候很喜欢跟父母在一起，可是越大越躲着父母？因为父母容不得子女变成一个独立的个体。但是这种趋势是谁都无法改变的，子女慢慢会有自己的兴趣、自己的愿望、自己的梦想，他的梦不一定是父母的梦。父母应该尊重子女，让他们自己决定自己的方向，这样子女也会懂得尊重父母。

子女的秉赋各有不同，父母只需要以正常的态度、良好的方式、有效的方法给予适当的启发。至于子女将来如何发展，可能有哪些成就，那是子女自己的福分，父母要顺其自然。孩子在小的时候，父母要用心塑造的是一个可爱的子女，而不是要求他多么的能干，多么的有才艺。可爱不可爱是评价孩子的一个重要的指标。一个小女孩看到陌生人，一面赶快躲到爸爸的身后，一面又好奇地探出头来观察，这才是孩子应有的可爱之处。孩子时时处处像成人一样，就已经不可爱了，因为过早地失掉了孩子应有的纯真。

有些父母不知不觉中错误地接受了很多所谓现代化的观念，比如听到不要让子女输在起跑线上，就逼着孩子去学习一些根本不必急于掌握或者未必适合孩子兴趣的东西。不输在起跑线上，真正的意思是一开始就要正确，以正确的方法，学习必要的东西。一窝蜂地让孩子学习小提琴、钢琴以及外语等并不需要这么早开始的东西，遇到宾客来访，让孩子当众表演一番，分明是为了显耀自己，表明自己对子女花了很多心血和资本。

每个孩子的气质秉性不一样，身体智力不一样，兴趣爱好也不一样。父母最好清楚，每个孩子发展的速度不一致，而且孩子在各方面的发展也不一样。总把自己的子女跟别人的孩子比，是非常没有道理的事情。父母要顺其自然，让子女自由自在地成长。千万不要强迫子女，看到别人的孩子学什么，自己也要赶紧去学。也别去要求子女跟育儿书上所说的一模一样，那是不可能的，更是不必要的。父母要有这样的观念，因为这是事实。

有所爱就该有所限

对子女来说，父母之爱非常重要。孩子从小就在这种爱中长大，必然是十分充实而健全的人。父母对于子女的爱，表现在顺其自然地接受子女的成长情况。但是，顺其自然并不是听其自然。子女的潜能是先天带来的，但是生活态度和习惯却是后天培养的。不管从哪个角度来看，爱都要给予相当的限制，才叫做爱。父母爱子女最合理的方式是爱限兼施，既要懂得爱护子女，也要明白限制子女。很多父母在这个地方弄不清楚，以为顺其自然就是采取放任的态度，让子女爱怎么样就怎么样，喜欢做什么就做什么。这是破坏亲子关系的最大杀手。

【坤道感悟】

爱子女最合理的方式是爱限兼施，既爱护他，也限制他。

现在很多人都承认我们过分地宠爱了子女，一方面尚未准备完妥，便匆匆忙忙当了父母；另一方面因为过分相信爱的教育，认为在精神方面要满足子女爱的需求，在物质方面要尽力满足子女的生理欲望。岂不知爱之不当，足以害之，最终变成了对子女不负责任的溺爱。

爱护女子是亲子关系的基础，但并不是全部。父母的爱不是用来宠坏孩子，而是用来纠正孩子的不良习惯。父母一定要喜欢子女，但是不需要期待子女同样无时无刻喜欢父母。有些父母害怕被人说自己不爱子女，以致处处小心，为了要表达出对子女的爱，甚至到了不敢管教子女的地步。这样的父母是自私自利的，只顾自己的虚荣，却不顾子女一生的幸福，是不是自私到相当可恶呢？还有的父母怕失去子女的爱，以致什么都不敢管、什么都不敢教，甚至情愿受子女的威胁、勒索。这种做法等于放手让子女自生自灭，而且子女长大以后，也一定会抱怨父母不知道管教自己。

父母在亲子教育中要坚持一个共同原则：善有善报、恶有恶报。一个人如果没有善恶终有报的信念，还相信什么呢？子女做对了事情，一定要给他奖励；子女做错了事情，绝对不能放过。有些父母，子女做错了事情不但不加以教导，还给他奖励，这就是恶有善报。自己都把这个因果关系整个扭曲掉了，叫孩子怎么树立他的价值观呢？错误绝对不能轻易放过，这是做父母共同的责任。任何事情刚开始就加以注意，还比较容易解决。等到问题很严重了，谁都无能为力。

受到父母纵容或溺爱的子女，在家里想做什么就做什么，进入学校以后，从自由自在的生活转向有规律的生活，首先遭遇的问题就是不容易和同学相处，对老师也很难尊敬。因为同龄的孩子往往互不相让，没有谁愿意给别人便宜，也没有相互之间的帮助和袒护，因而不断发生冲突。这种相互磨炼的机会，正是培养孩子社会性的良好方式。但是，在家中一切以自我为中心的孩子，会在这个社会化的过程中出现很多的不适应。此外，子女平常和父母相处，缺乏权威的感觉，对于颇有威严的老师，就会不知道如何面对。或者将老师当成父母一样的玩伴，或者因被老师不断地关注、纠正而产生畏惧心理，更不容亲近老师并接受老师的教诲。当子女发现学校不是家庭，老师不是伙伴，同学不会处处礼让他的时候，就会讨厌学校，不喜欢老师和同学，甚至于逃学或者厌学。

如果妈妈这时才发现子女有问题，一味强迫子女上学，孩子会觉得妈妈一向对自己百依百顺，现在为什么会突然像变了一个人一样？于是，原来心中所认为的“好妈妈”，现在也变成了

"坏妈妈"。种种例子都告诉我们：父母纵容或溺爱子女，固然使子女在家里逍遥自在，但是一旦离开家庭，就会寸步难行，处处碰壁，最后受苦受难的仍然是孩子。

有时候听到很多母亲哭哭啼啼说："我都不打我的儿子的，老师凭什么打他？"其实就是因为她不打自己的儿子，老师才替她打她的儿子。我们从来没有主张一定要打孩子，父母把自己的子女教导好，还需要老师动手吗？老师也不让打，那最后只有警察来打了。与其警察打，不如老师打，与其老师打，不如父母自己打，与其自己父母打，不如谁也不用打。我们把这个道理好好想一想，就知道限制是多么的必要。子女需要亲情、友情、爱情甚至同情，但是更需要的是父母的教导。自己的子女自己不教，那谁来教他？

父母不能放纵子女，因为社会不会容许任何人放纵自己。父母不能给子女完全的自由，因为社会上没有完全的自由。父母最好让子女明白：自由是建立在不自由的基础上的，大家都遵守规定，看起来不自由，但是正是因为这种不自由，大家才能够自由地生活。民主是大家做主，而不是自己就能够做主。自由和民主，都应该求合理，不合理的自由和民主，不值得追求。

实际上，子女在父母的关怀和爱护下，逐渐把外界的限制转变成对自己的限制，把客观的约束转变为对自己主观的约束。最后才能成为有为有守、有道德、有原则、能伸能屈、自主自律的正常人。当幼小的女儿能够说出"小兰天黑了还不回家，她妈妈也不骂他，她妈妈一定不爱她"的话时，就已经能够体会父母对子女的感情，发觉自己的妈妈比小兰的妈妈更爱自己。

以身作则言传身教

有的妈妈跟我讲："你看我把女儿教得这么乖。"我心里就觉得奇怪，因为父母再了不起，也不可能改变子女。除非是他自己要改变，否则父母拿他一点办法也没有。教育的功能是有限的，不要太相信教育的力量。如果教育是万能的，世界上就没有坏人了。

子女会学好还是学坏，其实跟怎么教没有太大的关系，父母自己的品行如何才是关键。有的父母本身都有问题，就算很重视教育，甚至花钱请家教，千方百计也难有太大的作用。而有的父母忙得不得了，但是孩子照样很成才。就是因为父母存好心、做好事、积善德，子女自然就学会了。因为子女的学习生涯从模仿开始，而最早模仿的对象便是父母。父母的言行是子女耳濡目染的对象，一举一动、一言一行都必须谨慎。

凡事不希望子女学的做的，父母都不要做，以免孩子看惯了父母的做法，很快就会模仿。比如看见爸爸抽烟，孩子就开始偷偷拿一支，趁爸爸没有看到的时候也学着试试看。妈妈上街看到心仪的衣服马上就买，下次女儿看到喜欢的玩具，怎么会不死缠烂打地要呢？虽然这些父母都没有要教他的意思，但是子女无意中都学习到了。

身教重于言教，这是大家都耳熟能详的道理。什么叫做身教？就是以身作则，给子女树立好榜样。如果只和子女空谈理论，讨论原则，父母的实际行动不能配合，恐怕很难收到效果。父母告诉子女不要睡懒觉，自己却蒙头大睡，日上三竿还不起床，那么父母即使费尽口舌，大概也不能使子女信服。希望子女用心读书，父母先示范喜爱读书，自己每天晚上读书给子女看，子女也会觉得读书实在是一件美妙的事情，自然而然就会效法。

当然，以身作则教养子女，并不是要求父母去做圣人。能够做好的就以身作则，实在做不好的也要跟孩子说明白，最起码也应该以身为例。比如母亲可以对子女说："爸爸就是刚刚参加工作的时候，没能管住自己，养成了抽烟的坏习惯。他一直想戒烟，可是真的是很难戒。我们要一起鼓励和监督他，帮他尽快把烟戒掉。"母亲的不良习惯，同样由父亲委婉地向子女解释。由另外一方来解释，是为了避免使子女认为父母在寻找理由为自己辩解，更加利于子女接受意见。

另外，做父母的，不管是有意还是无意，都不要跟小孩说"今天养你，你以后要养我"之类的话。虽说养儿是要防老的，但是你希望养儿防老就不对，你拒绝养儿防老也不对，听起来好像很奇怪，实际上很简单。儿子、女儿长大以后能不能养父母，不是预先的计谋，而是自然的结果，就差这点而已。父母一开始就有这种养儿防老的想法，就表示你把养育子女当做生意看了，也就是"投资放债"，那他就变成了你的生产下游、你的供应厂商，或者销售渠道了，这样还算什么子女呢？比如你今天给小孩五十块，告诉他将来要赚一百块还你，这哪里像家人呢？根本就是在做生意。很多人之所以重男轻女，就是因为有投资放债的观念，投在女儿上面回收比较差，投在儿子身上回收比较高，所以就把钱都投资到儿子身上了，这怎么能将子女教导好呢？

我们在前面说了很多孝道的重要性，便是希望大家深切了悟：我们既是子女的父母，也是父母的子女。如果不能在孝道上面以身作则，反而迷失了方向，在父母面前，对自己的子女百依百顺，岂不是直接伤害了父母的感情？我们经常看到，年轻的父母把自己的子女当宝贝似的，眉开眼笑，可是对自己的父母，却有很多意见，不但语气不好，态度也相当轻率，处处显得自己比父母高明。难怪今天的父母，也希望子女长大了干脆搬出去住，免得整天看那种脸色，心里既烦又冷。

反过来说，在子女面前，对自己的父母十分孝敬，做子女的典范，其实是最好的优生。子女的眼睛是雪亮的，父母怎样对待祖父母，他看在眼里记在心里，将来长大以后，也会以同样的方式来对待自己的父母。这种现世报应，是怎么都逃不掉的。

独生子女并不难教

现在有很多人觉得，独生子女是很难教的，因为他们娇生惯养、过分依赖、自私自利、适应性不好……真的是这样吗？当然以前的书上都是这样写的，大家也都是这样认为的。但是你去看看现在比较新的心理学的书，会发现这些统统都是对独生子女的偏见。今天我们很清楚地告诉大家，独生子女并没有什么先天的优劣，他们跟其他的小孩是一样的。既然我们要优生、少生，就要去了解独生子女有什么样的特性，然后发挥他的优点，补救他的缺点。如果你整天抓住他的缺点不放，那就只有苦恼的份。何况独生子女没有先天的好坏，完全看你怎么合理地去教导他，我们有几个建议。

第一，要常常创造孩子和同龄人互动的机会。

想想看，家里面只有一个小孩，他看来看去，都是比他大的人。所以不管是男的女的，做父母的应该带他去跟同龄人交往一下，让他们互动互动，最起码让他知道原来还有人跟他差不多，要让他有这种经验。然后，他自己就会摸索怎么样跟外面的人来往，这对他来讲是很重要的。让小孩每个阶段都有不同的朋友，有不同的经验，这是父母要做好的事情。而且，独生子女从小跟同年龄人交往的机会就比较少，阻碍比较大，那么他从心里头就会感觉这个很难得，感觉到友谊的可贵，这不是很好吗？

我们以前都是一厢情愿地认为，兄弟姐妹多，好像人缘就会比较好，跟人的互动经验也比较丰富。其实不一定，各有利弊。那些看似兄弟姐妹很多的人，他们之间是真的友好吗？不是，他们是嫉妒的、对抗的、不和谐的。哥哥老觉得妈妈偏心，好东西都先给弟弟吃，其实妈妈有时候是先照顾小的，然后再照顾大的，但是哥哥就很不以为然。所以兄弟之间经常是有矛盾的，只是不方便说出来而已。有时候兄弟翻脸比朋友还要可怕，就是因为其中一个人长期压抑的结果。

所以，你只生一个，把他当做独生子女看，然后好好疼他，专心照顾他，把他培养成一个对社会有用的人，不就好了吗？如果他要妹妹，你就让他把隔壁的小孩当妹妹照顾好了。如果要弟弟，也是一样的道理，这样也扩大了他交友的范围。以前我们老是觉得只有自己的儿子才是宝贝，现在也可以改变一下，当然一个真正有爱心的人是把所有小孩都当做自己的小孩的。以前是没有办法，一个妈妈要照顾自己的五六个小孩，根本没有空顾及到别人的小孩。现在不一样了，你只有一个，别人也只有一个，你的小孩是宝贝，别人家的小孩也是宝贝。所以就让他们两个好好互动，有时候你照顾她家的小孩，有时候她照顾你家的小孩，这不是更幸福、更有福气吗？

第二，要引导孩子心理健康地发展。

对于独生子女来说，父母是他专有的。所以小孩经常会问妈妈："为什么我没有妹妹，没有弟弟？"妈妈经常回答："小孩子不懂，没有你的事。"这样就是不把小孩当人看，大人都可以问，为什么小孩就不能问？你总要给他个答案才行。妈妈可以这样回答："因为我跟爸爸太疼你了，所以不想再生，我们照顾你，不要让小弟弟小妹妹来分享。"他就知道了，而且还很愉快。有些妈妈甚至跟小孩说"现在政府规定只能生一个"，这不是很奇怪吗？他年龄那么小，怎么能理解这些事情。

还有，不要老在小孩面前发牢骚，说"独生子女就是这么依赖、这么自私"，那你就等于一方面暗示他要这样做，另一方面承认他就应该这样做，最后他肯定这样做，岂不糟糕得很？

【坤道感悟】

有时候小孩一切一切的错误，如果仔细去追究的话，都是父母造成的。

有时候小孩一切一切的错误，如果仔细去追究的话，都是父母造成的。小孩很冤枉，他根本不懂什么，你给他什么样的印象，他就有什么样的观念。你一开始就说这样不对，那他已经不对了，如果你一直说，他就更加不对了。当然我们也不是鼓励他说"独生子女最好、最可爱"，形式是没有用的。最可怕的就是父母从小告诉自己的小孩"你是最棒的"，小孩一辈子都会苦恼，因为他不可能是最棒的。人各有所长，也各有所短。做父母的不能要求你的小孩样样都好吧，你自己都做不到的。

其实，一个小孩子可以有更长的时间跟父母相处，这不是得天独厚吗？独生子女的学习能力之所以会增强，就是因为他跟大人的互动多。他的智力发展、社交能力发展得都比较好，就是因为他从小就跟大人在一起，很快就学到了成人的行为、成人的态度。这种家庭社会化的结果，对小孩的成长是很有帮助的。

第三，不要把所有希望都寄托在唯一的孩子身上。

以前我们有好几个兄弟，哥哥不行，会寄望弟弟，弟弟不行，再寄望妹妹，这样每个人会好过一点。现在爸爸妈妈加上双方的父母，所有的希望都集中在这一个孩子身上，他怎么能受得了这么大的压力，甚至最后还会有一种追求失败、拒绝成功的心理。因为成功要负很大的责任，他又付不起，那干脆失败好了，失败了大家就不会让他怎么样了。现在很多小孩子都是这样的，说到底，就是被父母逼出来的。所以父母对小孩的关爱不能超过限度，若是在小孩身上集中太多的希望、太多的梦想，最后是会泡汤的。做父母的，要尽量发挥小孩的长处，同时尽量减少他的短处，只能这样而已。你想要彻底改变小孩，让他按你的要求或者目标来做，基本上不会有好的结果。

记住，今天你怎么样对待他，将来他就会怎么样对待你。你今天先天地认定独生子女有一百个坏处，他就有一百个坏处表示给你看，证明你讲的是对的。所以不要有成见，不要有偏见，时代要求优生、精兵主义，如果独生子女个个都变成精兵，我们的国家就有希望，我们的民族一定兴盛。如果大家都在发扬以前所讲的独生子女自私、依赖等偏见，那我们就没有未来。

所以从现在开始，父母首先要把这些观念端正过来，好好对待你的小孩，把他教导成为正正当当的人，这才是正确的目标。我们讲正当，不是出色，不是要求你的小孩样样赢别人，样样很出色。你的小孩不一定是天才，但是他可以变成一个很扎实的、品德修养好的、对社会很有贡献的人，这样就好了。

宠坏子女及时补救

父母一旦种下纵容或溺爱的祸根，随着子女被宠坏的行为越来越明显，面对这种不想看到的现实，父母通常会有五种不同的心路历程：一是否认，刚开始否认是自己纵容或溺爱的原因，而把责任推卸给学校和社会，认为是老师没有教好，社会风气不良才导致如此结果；二是气愤，认为自己对子女十分关心，子女居然变成这样，因此越想越气愤，简直难以接受；三是妥协，认为责怪也没有用，气愤也白费力，不如就此妥协，以求相安无事；四是沮丧，因为妥协只是暂时的过渡，时间一久各种乱象不断产生，父母越来越觉得沮丧不已；五是接受，子女被宠坏的事实越来越明显，甚至公然和父母顶撞或对骂，父母最后只好无可奈何地接受这种不幸的现实，彻底放弃教养的责任，任由子女自生自灭。

这些态度，我们都不赞成。因为子女是父母所生，自然负有教养的责任，万万不能推卸。宇宙人生，实际上都是自作自受的历程。既然如此，对于自己所造成的错误或缺失，父母最好勇敢地承担、坦白地承认，并且不折不挠地想办法加以补救。

第一，父母要承认自己错误，不回避事实。

父母首先要勇敢地承认，一切一切完全都是自己的错误。有了这种反求诸己的心态，父母才能冷静而认真地从自己身上找寻问题的根源：是不是太相信爱是无所不能的，无度地满足了子女的各种需求；是不是出于保护子女的心理，情不自禁地和孩子站在同一阵线共同对抗老师；是不是自己言行不一，给子女造成了众多的不良示范；是不是家庭缺乏温馨和谐的气氛，家人时常吵吵闹闹，动不动就污言秽语，使子女产生心理压力或逆反行为……凡此种种，父母都要坦白地承认，勇敢地面对，才能调整父母自己的心态。

第二，父母要忍耐再忍耐，坚决不放弃。

父母反求诸己之后，就要有百折不挠的精神，换句话说就是永远不能放弃子女。在补救的过程中，父母需要忍耐再加忍耐，以对子女负责到底的毅力，以求感动子女，改过向善。

对于孩子已经产生的偏差行为，不能够用强制的方式、专横的手段，要求限期改善，这样是从一个极端走入另一个极端。父母想要改变子女，最好的办法还是先改变父母自己的态度和行为。因为唯有父母先改变，子女才会逐渐随着改变。如果父母自己不能改变，却片面地要求子女改变，恐怕十分困难，一定徒劳而无功。

为什么浪子回头金不换呢？因为从来没有变坏过的孩子，对于社会的黑暗面，并没有足够的机会去认识。对于温室以外的复杂环境，完全没有调试的能力。一旦面临生活情境的变化，往往因为不知所措而受到严重的伤害。我们当然不鼓励先让孩子变成浪子，再设法促使其早日回头，以便成为金不换。但是把孩子培养成为温室中的花朵，毕竟适应力太弱，也不是好事。所以，让孩子在安全范围内，了解一些人间的不平和丑陋，应该也是教养的一大课题。

第三，父母要坚信只要力度够强，一定有效果。

如果父母接受这样的建议，而且身体力行，花费了很多时间和精力，但是效果不理想怎么办？我们的看法是所用的力道还不够大，最好保持信心，继续努力。改过很困难，但是很可贵。其实就是因为困难，才会可贵。如果一切都很容易，那就没有什么可贵之处了。

不要认为好的就会好到底，坏的就会坏到底，没有这回事儿。人的观念很难改变，但是习惯和喜好随时都会改变，所以小时候的事情并不代表子女的一生。父母对子女要有信心，不要有看不起他的想法。父母看不起他，他就会越来越糟糕；如果对他有信心，他一定会越来越好。

人生是长期的竞赛，过程不断变化，不必太在乎短期的优胜。等到有一天浪子回头的时候，父母会发现子女比以前更加可爱，很值得父母为此所做出的努力。因为亲子关系是永久的，子女是永远不能割舍的。一切都是自作自受，真的没有什么更快速的捷径可走。

【坤道感悟】

亲子关系是永久的，子女是永远不能割舍的。

两难需兼顾与合理

对于子女的教育，我们一方面觉得并不难，因为每个人都或多或少懂得一些，而且一步一步地在实施着；另一方面又觉得并非易事，因为效果多半不理想。人是活的，每件事情应该是有弹性的，在这种情况之下，要怎么办呢？我们现在介绍一种简单明了，而且容易实现的教育方式，给父母做参考。

中国人很聪明，再复杂的事情，只要用六个字就解决了。家庭教育也是这样。最前面的两个字，叫做两难。中国人的事情一切都是两难。去上班不对，不去上班也不对；跟公婆住在一起不对，不住在一起也不对；小孩不骂不对，骂也不对……好像没有一样是对的。再比如你问中国人他要什么，他都会跟你讲“随便”，就是因为他搞不清楚，没办法选择，才讲随便。随便就是两难，看着办也是两难，不一定也是两难，再想一想还是两难。中国人的思想比较复杂，社会环境也没有西方那么单纯。西方人可以就是可以，不可以就是不可以，而中国人说不可以，你会想到为什么不可以，明明可以嘛。今天很多人喜欢西方，尤其到了美国以后再回来，连做梦都梦到美国，就是因为他脑筋变单纯了，很怕烦，怕烦的人是不长进的。我们应该很庆幸生在中国，受很多麻烦，才会磨炼自己，不断成长，这是生为中国人最大的福气。

“两难”，是中国人故意设计的，这样不对，那样也不对，你才会动脑筋，才会不断增长智慧。接下来是兼顾。“兼顾”，就是两边都考虑，面面俱到，不要像赌博一样，押这个宝押那个宝，凡是押宝押错了，不就全盘都输掉了吗？

兼顾是很难的。然后兼顾到合理的地步，就好了。同时，还要依据时间、地点的改变而做一定的调整。中国人之所以换一个地方就变了，就是因为时间、地点一变，合理点就要变。到底是先喝汤还是先吃饭，各有各的说法。西方人是先喝汤，再吃饭，中国人多半是先吃饭，再喝汤，各有各的道理。至于你要选哪一种，自己看着办。

两难、兼顾、合理，就这六个字，一切问题都解决了。

你慢慢去想就会发现，其实子女所碰到的问题都是两难。比如爸爸叫他把地扫一扫，他马上想到还有很多功课要做，要是不听爸爸的话，爸爸会不高兴，而且他觉得自己是家里的一分子，如果连扫地都不做，那是不对的。但是如果他听话去扫地，就会花很多时间，结果功课做不完，第二天到学校老师又会骂他。小孩不知道怎么办，就哭了，小孩一哭就表示他两难。再比如小孩想跟小伙伴出去玩，但又想在家里跟父母在一起；

看到玩具想买，可又怕挨骂……所以，几乎子女碰到的所有问题，都是两难。

一般人遇到两难的情况时，都把它分开处理，凡是分开来处理的都是西方人的想法。中国人的思维是合的，不太会分。合起来，然后从中找一个合理点，这就叫做“中庸”。说到中庸很多人又搞糊涂了，什么是中庸？中庸就是合理，合理就是中庸。我们教育子女就是合理，因为做人做事求的，无非就是合理。

在中国社会，只要任何事情得到合理的解决，大家都很满意。教育的效果也是求合理。举个例子，小孩要不要听老师的话呢？如果你一开始就站在子女的立场骂老师，就会导致子女在学校不跟老师合作，那你岂不是很倒霉？最后吃亏的一定是你的小孩。中国人最好的办法就是不讲话，先听听老师怎么样再说嘛，然后小孩刚开始很气，讲到最后，其实老师也没有怎么样，问题自己就解决了。

任何事情只要你站在两难这个出发点，就会将心比心，就会觉得老师大概不会专门找自己小孩的麻烦。同时你也会觉得小孩骂老师，也一定有他的道理，否则没有必要一回家就骂老师。这样你就不会很武断地选一边说是老师错，或者小孩错了。

父母一定要记住，你的小孩是中国人，他将来要在中国社会生存发展。你要教他的，就是把中国人做好，让他懂得中国人的道理。所以，父母要好好去利用这六个字——两难、兼顾、合理，既简单明了，又可以保证效果。

第十章 家教之道

——家教讲求替教陪让

如果说人生是一个学习的过程，相信大家都会认可。因为人一生下来一无所知，我们所有的一切，实际上都是通过后天一点一滴学习得来的，没有一样是先天就会的。没有人生下来就会吃饭、洗澡、做家事，我们的谈吐、衣着、工作和游戏，基本上都必须经由学习和演练才逐渐成熟，就算啼哭、吵闹、嬉笑、撒娇、骂人、打架，也都是生下来后模仿、学习所产生的结果。所以教育对每一个人来讲，都是至关重要的事情。

我们通常把受教育的方式分成三大块：家庭教育、学校教育、社会教育。中国人骂人的时候，不会骂这个人没有受过教育，也不会说他没有进过学校，更不会责怪社会使得他这样。我们通常都骂“没家教”，就是说这个人的家庭教育不好。

家庭教育为什么会变成被指责的对象？因为家庭是子女最重要的教室，一切基础都在这里奠定。学校教育所教的是知识、技能，在品德、习惯培养方面很难达到理想的效果。如果将子女品德、习惯的培养寄希望于学校，恐怕最后只会失望。至于社会更不用说，各种花样防不胜防，唯恐避之不及，更加不敢奢望。

可惜多数父母却认为教育不过是读书识字，只要把子女送到学校去，其他都是老师的职责了。事实上，要想教育出良好的子女，需要各方面协同配合，其中家庭教育更是一切教育的基础。特别是孩子幼小时期、初入小学就学的阶段，更需要家庭和学校密切配合，父母必须引导子女以喜悦的态度参与家庭生活和学校生活的各种学习活动，并且表现出热爱社会和大自然等良好的行为，才可能为子女的一生成就打下良好而牢固的基础。

同样，家庭的和谐，对于子女教育至关重要。在子女面前，父母绝不要轻易互相责骂，互相怒目相向，甚至出手伤人。有什么问题，最好避开子女再来商量解决。在子女面前，尽量维持和谐的气氛，这样子女的身心才能健康发展。吵架的父母经常低估了吵架在子女心中造成的深刻影响。心理学家研究证实，父母生气时的所作所为，俩人也许一转眼就忘记了，但是子女会记在心里久久不能忘怀，而且会给他造成不安或不幸的感觉。

子女对父母最大的愿望之一，就是父母不要吵架。父母不和，子女心中很容易丧失安全感，并在幼小心灵中造成心理的阴影。我们总是听不到子女内心的呼喊：爸爸妈妈不要再吵了。他们经常这样讲，但是父母都没有听到。

对子女的教育，必须夫妻的关系健全，才有可能正常。家庭破碎最无辜的就是子女，这样的家庭里的孩子是很无助的。因为心中害怕，怕有一天父母不再爱他，或者会离开他，从而使其幼小的心灵失去安全感。我们发现许多不良青少年，他们的父母不是离婚，就是感情不睦。我们固然不能也不必歧视单亲家庭，但是离婚的父母，最好设身处地替子女想一想，他们是何等的无辜。

我们是相当复杂的民族，一切都没有那么简单。孩子不规矩父母很操心，孩子太规矩父母也很担心；孩子不听话父母很生气，孩子太听话父母也很泄气。这是父母难为很大的原因之一。

于是，面对如何教育子女，父母便表现出来三种不同的类型。

第一类，叫做“神父母”。

很多父母把自己当做法力无边的神，要求子女百依百顺，认为自己想要子女怎样，子女就该怎样。子女听从、信服父母，就给些好处；子女一旦不听从，便当即予以惩罚。对于幼小的子女，父母把自己当做神，似乎十分容易。

可是子女到了两三岁以后，就会开始要求独立自主。这就像我们在科学不发达的时候，认为风雨雷电都是神在主宰。但是科学发展以后，神就不再如以前想象的那样至高无上，越来越不相信神。同样的道理，子女随着慢慢地成长，也会对父母的指示产生质疑，逐渐开始挑战“神父母”的权威。这种摆脱父母管教的欲望，到青春期会达到最高点。所以父母最好反省一下自己，在子女面前是不是太“神”了一点，否则难逃神话破灭后的心理失落。

第二类，叫做“鬼父母”。

如果说“神父母”还有些爱心、有些顾虑，“鬼父母”则是缺乏爱心，而且要求子女绝对服从。他们动不动就通过威胁、恐吓等各种手段，逼子女无条件就范自己的命令。这种环境下的子女会产生强烈的无助感，只知道无可奈何地忍受痛苦和折磨，却毫无冲破逆境的勇气，更谈不上有奋发图强的行为。把自己当做“鬼父母”，最终的结果不是把子女整死，就是把子女逼得离家出走。

第三类，叫做“人父母”。

为人父母，可以解释为做人家的父母，也可以理解为以人的身份来当父母，所以称为人父母。任何人只要活着，就不可能是神，也不可能是鬼。既然生而为人，就应该把自己当人看。既然是人的家庭，父母就要把子女当做人来教养，就应该以人的互动来建构我们的亲子关系。

【坤道感悟】
家庭教育的四件核心事情：替子女做些什么，教子女做些什么，陪子女做些什么，让子女做些什么。

很多父母说自己也不是教育专家，而且既有工作，又有家务，很难有太多的心思和精力放在家庭教育上面。其实家庭教育说复杂也复杂，说简单也简单，父母核心的就是要做四件事情：替子女做些什么，教子女做些什么，陪子女做些什么，让子女做些什么。

只要父母时时记住要做人父母，一方面有人本能的爱，另一方面有人理智的情，把子女看做是既需要慈爱，又需要教育的人，站在对子女的未来负责，对子女未来所要生活的社会负责的立场，把这四件事情做好，培养子女具备正常而健全的人格，很多问题就会迎刃而解。

替子女做事的原则

父母不能忘记子女是个人，是人就有人的需求。在所有的动物中，人类的后代对父母最为依赖，最不容易独立生活。一只小鸡出了蛋壳，便能行走、觅食。还有一些动物，连父母什么样都不知道，根本是自生自灭。但是人类做不到，一个婴儿要想能够行走，非一两年时间不可。如果没有父母的照顾，只有死路一条。而且想要独立谋生，更非一二十年不可。身为父母，必须明白人和动物的这种区别，要把后代当“人”看，特别是幼儿阶段只有替子女做些事情，子女才能慢慢长大。

第一，正确看待孩子婴儿期的各种需求。

婴儿刚出生时什么都不会，一切都要依赖父母，否则没有生存下去的可能。人的依赖性可以说是先天的，依赖父母而生活，无可奈何地成为人类的一种共同的命运。孩子生下来的第一件事情就是哭，为什么要哭？其实倒过来想想就明白了——孩子如果不会哭，根本就活不下去。孩子不哭，父母以为什么事情都没有，只顾忙自己的，最后饿死了都没人知道。所以哭是小孩子的生存武器，在不会说话的时候，他只有用哭来表示自己的需要，吸引大人的注意。

小孩一哭，父母就开始替他张罗，看看是不是要吃奶了，是不是尿片湿了，是不是躺久了不舒服了……我们自己不会做的事情，都需要别人帮忙，更何况小孩呢？认为孩子的事情跟大人没有什么区别，这种想法分明是以为自己生下了个动物或者怪胎，忽略了子女是个活生生的人。

第二，婴儿并非一无所知需要互动沟通。

千万不要认为婴儿期的孩子什么都不懂，他虽然不会讲话，但是什么话都会听。他心里甚至明白父母在想什么，为什么会这么做。婴儿期的孩子已经具备了对情绪的感知能力，只是不会用大人的方式表达出来，以至于父母认为他什么都不知道。

一个人的自信心奠定在出生之后的八至十八个月之间，短短十个月的时间，对一生产生的影响最大。这个期间，母亲是最重要的因素，而且几乎是唯一的因素，对婴儿的智能具有无比的影响力。父母最好有这样的心理认识，平时注意多跟婴儿进行互动和沟通。孩子的大脑经常接受外界的刺激，将来才会越来越发达、越来越聪明。如果总是让孩子一个人孤零零地躺在床上，长大了就会反应迟钝，头脑麻木。

第三，让孩子充分感受父母的关爱之情。

父母的爱是子女成长过程中无可替代的力量和滋养，只有爱才能确保子女身心的正常发展。贫困的家庭，哪怕物质条件非常困乏，子女如果能够承受父母丰富而持久的爱，照样可以成长得非常优秀。富有家庭的孩子，即使物质条件十分丰足，如果没有父母爱的伴随，也有可能发育得不很正常。

照顾子女时，要让孩子感受到父母对他的喜爱之情，而不是心不甘情不愿地当做一种义务甚至是累赘。比如在给孩子换尿片时，一边换一边跟他对话："妈妈刚才没有注意到你的尿片湿了，现在马上就帮你换，换完就舒服了。"尿片取下来，让孩子的小屁股透透气，帮他动动手，动动脚，做做全身的运动，然后再重新包上。做同样的事情，花费同样的时间，但是通过这样的互动，可以让孩子感觉到父母对他的爱。

父母要通过行动让孩子感受到爱的存在，而不是嘴巴总去说"妈妈爱你"、"你真可爱"之类的话。这样教导出来的孩子容易表面化，变得有口无心。有的妈妈见孩子从外面淋雨回来，浑身湿漉漉地站在门口就开始教训他："你怎么总是这么不注意，被雨淋了会生病你知道吗？"骂他半天，然后让他去换衣服，本来不生病也被骂到生病了。有爱心的妈妈二话不说，先帮孩子擦干身上，然后拿来干衣服让他换上，再来问为什么会这样，这才叫做爱心。

父母要通过合理的方式，时时让子女有被关爱的感觉。也就是从小到大的每一个阶段，每一个时期，父母都需要倾注对子女的爱。子女知道父母爱他才会教他，就比较容易接受父母的指导，从而孕育成为自己的生活信念。其实也正是父母

【坤道感悟】

父母要通过合理的方式，时时让子女有被关爱的感觉。

这样用心，这样细心，子女长大以后才会心中有父母的存在。

教子女做事的原则

如果所有的事情一直由父母替子女做，那子女永远无法成长。现代子女的动手能力普遍较差，就是父母替他们做的太多了。所以父母先替子女做，等到合适的时候，就要开始教他做。父母教子女做事情有三个原则：

第一，注重成长中的个体差异，不能揠苗助长。

父母教养子女的过程，大都可以划分为婴儿期、幼童期、儿童期、少年期以及青年期等不同阶段。而这些不同的时期，也大都可以归纳出一些指标来判断子女的身心发展是不是正常。比如我们常讲“三翻、六坐、七滚、八爬”，是说婴儿三个月会翻身，六个月可以坐起来，七个月能来回滚，八个月就会爬行了。但是任何一本此类书籍上所写的，都是孩童成长的一般性、概括性的规律，只是平均指标，并不是绝对数值。孩子在实际成长过程中，和书本中所说的难免有一些差距，父母不必大惊小怪地认为自己的子女有什么欠缺，或者出现了什么问题。

每个孩子的体能不一样，发展的过程也不一样，生长发育存在个别的差异是十分正常的现象，不能一概而论。孩子到六个月了还不会坐，只要不是生理问题，七个月坐又能怎么样呢？有一点需要特别提醒，爬行对婴幼儿很重要，孩子越爬将来越聪明、越健康。最好在家中隔离出一块安全宽敞的区域，由父母在一旁协助，鼓励孩子多在地上爬一爬。但是不要强制，累了就休息一会，否则就是揠苗助长了。

除了饮食、睡眠、行走等生理特征，父母在其他各方面都要顺其自然，让子女自由自在地成长、学习。因为我们说过，子女原本就是上天所赏赐的，父母所能做的不过是好好加以启发而已。

第二，鼓励孩子注意尺度，不可过分赞誉。

影响孩子行为的因素当中，奖励和惩罚具有重要的地位。奖励最有效的其实是赞赏，而最佳的赞赏则是关心，这对子女正面的影响效果，胜过责备、打骂、惩罚几十倍。孩子拿成绩单给父母看，父母如果连看都不看一眼，孩子的心理得不到支持，认为再好的成绩也得不到父母的关心，很可能因此而不再努力。父母若是表示关心，口头给予鼓励："比上次进步多了，下次再加油！"并不需要什么物质上的奖励，孩子就觉得满足。

但是鼓励也要有原则、讲方法，这样才能产生良好的效果。有些父母特别是母亲，把子女当做一种成果来炫耀，喜欢在众人面前夸耀自己的子女，这是一种只顾自己、不顾子女的自我行为。长此以往，一方面子女会觉得自己当之无愧，慢慢越来越变得不知天高地厚；另一方面子女模仿父母的作风，长大也会到处吹嘘自己，在不知不觉中引起别人的妒忌，搞坏人际关系，到头来自己倒霉。

子女身心健全，父母当然内心高兴，但是乐在心中就好，不必表现出来，这才是真正关心子女的表现。一个孩子放学从校车上下来很开心，老远就喊："妈妈，妈妈，我考了一百分。"如果妈妈也天真，同样上去抱住女儿大声说："我女儿能考一百分，是最棒的孩子。"那是在害自己的孩子，因为隔壁的妈妈听了完全没面子：你的女儿考一百分是最棒的，我儿子考六十分就是最笨的吗？

孩子可以天真无邪，但是妈妈不能也不懂事。会当妈妈的人听到孩子这么说，根本不会有任何反应。回家把门关上，再对女儿说："考一百分妈妈很开心，但是你这样喊，别的阿姨可能会不高兴，万一找机会拿你出气怎么办？"这才叫中国人的家教。一个人会引起别人的嫉妒，自己有相当的罪过，迟早要承担相应的后果。母亲要教会子女保护自己，否则没有人保护得了他。现在父母都让孩子四处去表现，这样将来受到的打击就很大，挫折感就很严重，最后的人生就很苦。

鼓励子女要在私底下进行，而且要有条件。比如儿子的数学成绩最近很有进步，妈妈应该告诉孩子的是："你看你稍微用功一点，成绩就能有所提高。以后再加把劲儿，还会有更大的进步。"单单这样还是不够，要继续告诉儿子："只要你养成这样的习惯，妈妈会更高兴。"可是现在很多父母，总告诉子女"你永远是最棒的"，这是跟自家人讲客套话，对子女的成长没有好处。我们常常在选秀的电视节目中，看到一个人明明落选了，还掉着眼泪在讲"我永远是最棒的"。棒不棒别人可以评价，哪有自己说自己"我永远是最棒的"，那是一辈子自己骗自己。

有些父母认为大表现当然应该奖励，这么小的表现哪里用得着大惊小怪。其实，奖励小的表现，孩子才能够有大的表现。如果小的表现没有获得奖励，孩子就没有兴趣做大的表现。我们不赞成公开表扬，却十分支持私底下给孩子一些鼓励，帮助他加强信心，做得更好。

第三，父母要有耐心，不能伤害孩子的自尊心。

天底下几乎没有一教就会的孩子，如果人人都是天才，那还了得？所以父母不要动不动就不耐烦，多教几遍没有什么大不了的。孩子不会刷牙，不会用牙刷，父母要告诉他：我像你这么小的时候，也不会用牙刷，不要着急慢慢来。这样孩子才会有正确的认识：爸爸以前跟我一样不懂，现在他懂了，可见慢慢我也会懂。孩子的信心就是这样培养出来的。我们不建议父母把“你最棒”挂在嘴上，更不提倡对孩子说 “你怎么这么笨”，否则孩子很容易自卑。

大人之间偶尔使用冷嘲热讽的方式，还可以收到令对方知过必改的作用。但是用这种方式来对待自己的子女，除了伤害子女的自信心和自尊心别无好处，父母最好不要使用这种方式。比如一位妈妈教儿子写毛笔字，见儿子写得难看就讥讽他：“用脚夹着也不至于写出你这样的字。”结果儿子从此任凭妈妈怎么好言相劝，也不肯再练书法。

类似这样的话，父母有些时候是脱口而出，未必真有嘲笑子女的意思。但是孩子分不清什么是玩笑话，往往也会把玩笑话当做真的。子女会想如果不是这样，父母为什么会这么说呢？子女正在自我观念的塑造阶段，父母开这样的玩笑，实在是不自律的表现。父母更没有权利把子女的缺点讲给别人听。“我儿子八岁的时候还尿床”，妈妈在别人面前讲这个干吗？孩子会认为这是在侮辱他，一定会在心里记恨妈妈。千万记住：父母没有资格讲子女的笑话。人都有自尊和人格，不容许别人随便侵犯，孩子也是一样。

【坤道感悟】人都有自尊和人格，不容许别人随便侵犯，孩子也是一样。

还有些父母给孩子烫发化妆，或者把孩子打扮得奇形怪状，以为这样显得孩子很可爱，可以博得别人的关注和称赞。这种做法无异于拿子女当宠物或者小丑，更加糟糕透顶。一个人最好是开自己的玩笑，而不是开别人的玩笑。可是我们偏偏喜欢拿别人开玩笑，最后便真的是拿自己“开玩笑”了。

陪子女做事的原则

人都有一种想法，自己不会做的事情，希望别人来帮忙。自己能够完成的事情，就不愿意别人再来插手。子女随着逐渐的成长，当被父母教会一些事情以后，就想自己独立去尝试，而不愿再被过多干预。但是，他仍希望父母会陪在身旁，不愿意父母管，却需要父母陪，看着自己去做事情。因为有人陪着总是比较安心的，尤其是小孩更有这样的心理需求。所以父母陪着他就好了，这也是父母享受陪同子女长大乐趣的最好时光。

比如父母可以通过陪子女游戏，使孩子有机会扮演各种不同的角色，进而从不同的角色当中培养出各种不同的乐趣，分享彼此的经验。因为孩子的生活重心就是游戏，幼儿教育多半是在游戏中进行，这便是所谓的寓教于乐。父母一方面在陪子女游戏中引导孩子去学习他所需要的经验，另一方面唯有在亲子共度的欢乐中，父母才知道子女实际的成长状况。

第一，陪同子女时不要长篇大论。

有父母在旁边陪同，子女会很高兴地自己去学习。在这个过程中，父母讲得过多，反而不如看到子女哪里需要帮助，偶尔说一句的效果好。家庭教育不像学校教育，不需要长篇大论，要不然怎么算家庭教育？如果父母整天跟子女讲大道理，那么父母就变成老师，而不是父母了。老师和学生是什么关系？就是学生一旦毕业了，离开学校以后，就跟老师没关系了。恐怕没有哪位父母愿意看到子女长大了，最后跟自己没关系了。

许多父母喜欢在子女面前滔滔不绝，很少去听子女说话，这种做法只会制造跟子女之间的紧张和冲突，使得两代人之间更加不能相互了解。人都愿意接受对自己有帮助的言论，而不喜欢听大道理。整天长篇大论，时间久了会被当做耳边风。父母和孩子说话，要站在孩子的立场来思考，用他听得懂的话去表达，说到他能听得清楚明白为合宜。长篇大论没有哪个孩子听得进去。

父母陪同子女，最主要的目的在于通过观察子女的行为，了解他的动机是什么。所以最好的方法是多用耳朵听听子女都说些什么。父母用心听子女的话，才能够从中听出真正的用意。子女把心中的困惑或问题说出来，对父母了解子女有很大的帮助。子女的意见如果和父母一致，可以鼓励他，称赞他，以增强他的信心。如果不一致，必须加以疏导、沟通，不能责骂他、取笑他，不能严格规定他要接受父母的意见。在可以接受的范围内，尽量尊重子女的意见，子女才会乐意和父母沟通。

第二，陪同子女时不要过分热心。

在陪同子女的过程中，需要对子女进行合理的限制。不要看西方人很自由，就把限制看成是坏事情。其实就连西方对未成年子女也有严格的一面，妈妈常用的一句话就是“Don’t do it”，不要做这种事。什么都无所谓，那就不是自己的子女了。但是有了合理限制之后，父母就不要再过分热心地指手画脚去干预孩子。否则会变成一种障碍，令孩子生厌。

比如爸爸陪儿子一起玩积木，只要告诉他不能往嘴里放，不要四处乱扔就好了。剩下的就让孩子凭借自己的想象力去创造，这才是玩玩具的目的。可是有的爸爸就是太热心，本来儿子玩得很高兴，爸爸偏偏在一旁告诉他：这个门搭得不够宽，那座楼盖得不够高，说来说去分明是爸爸自己在玩。如此一来，孩子根本就没有兴趣，可能干脆不玩了。

有的父母在陪子女玩游戏中，忘记自己的责任。天底下哪里有童心未泯到把自己也当做小孩一样的父母？偏偏有很多人就是这样，和小孩玩到忘记了自己，甚至和小孩玩到吵架的地步，真的是忘记了我是谁。父母自己心理不健康，当然也会影响到子女的心理健康。

第三，陪同子女时不要三心二意。

父母陪同子女时，不要再去做自己的事情。比如婴儿笑的时候，父母也跟着笑，彼此产生交流，才是共同度过。有的父母名义上是在陪孩子，实际上却在一旁上网聊天、玩游戏。这样形式上的陪同，当然不会收到上述的效果。既然陪他，就要让他切实地感受到。父母想想将来自己生病的时候，孩子虽然坐在旁边，手上却在玩着电脑，会是什么样的感觉？

父母必须依据子女成长的情况，按阶段调整自己的教育方式，以配合子女的心态。然而父母对子女成长的情况并不了解，怎么能够合适地调整做好阶段性的改变呢？父母陪同孩子的目的，是通过共度的过程仔细地观察子女的成长状况，然后根据孩子的言行和身心情况，调整完善在家庭教育中的方法和节奏。一方面了解孩子的状况，不会做的暂时替他做，一边替他一边教他，再让他自己去尝试，不行的部分再来帮助他。另一方面耐心观察孩子的优缺点，对于优点私下鼓励，对于缺点加以有效指导。这样孩子慢慢懂的越来越多，父母替的就会越来越少。因此父母在陪同中，唯有处处留心，不断地观察和了解才能有所把握。

父母了解子女状况的目的，并不是为了炫耀父母的精明，完全是出于有效辅导和合理教养的需要。所以父母发现问题，不要马上公开说出来，否则只会增加辅导的难度，对子女有害无利。

可惜很多父母在对待子女时，经常忘掉隐恶扬善的美德，不惜揭子女的疮疤，伤害子女的自尊心。

让子女做事的原则

人都会有自己的主张，子女也不会百分之百地受控于父母。样样都对父母百依百顺，将来就是典型的奴才性格。所以父母在经过了替他做些什么、教他做些什么、陪他做些什么之后，还要让子女自己做主张，学会自己做事情。前面三个是过程，最后一个是结果。那么是过程重要，还是结果重要？答案是一样重要。但是我们要认识到，想要有良好的结果，必须先有合理的过程。

在替的方面，父母替子女做得太少，子女得不到周全的照顾，感受不到父母的爱意，这是做父母的失职；父母替子女做得太多，子女的依赖性就会过强，完全被宠爱坏的子女，长大以后难以自立。在教的方面，父母对子女教得太少，子女得不到及时辅导，容易贻误教导时机；父母对子女教得太多，子女完全来不及接受，反而产生厌学心理。在陪的方面，父母陪子女做得太少，缺乏对子女必要的了解，就无法合理地去调整教育方法；父母陪子女做得太多，子女缺乏应有的自主性，将来自己做事也难以有创造力。而且每个孩子的状况都不一样，这种个体的差异性，也决定了对子女替、教、陪、做的比例和程度不能一概而论。

【坤道感悟】

父母对子女替、教、陪、让的过程中要适时、适度，才能产生良好的家庭教育结果。

达成子女教育共识

父母在家庭教育中，如果各执一词，各有已见，子女就会不知道该听谁的。因此首要的原则，便是父母双方要就子女教育达成共识。一般来说，在要求子女达到某种目标上，父母最好采取一致的态度。只有父母双方在子女面前表现出一致性，子女才能知道有所遵循，并在学习中逐渐养成习惯。而在要求子女达成某种目标的方法上，父母可以配合扮演不同的角色，使子女比较容易接受。我们提出以下三个方面，供父母参考借鉴。

第一，父母要有共同立场。

父母的管教态度，必须立场一致。如果父母的态度不一致，爸爸讲爸爸的一套，妈妈讲妈妈的一套，这等于鼓励子女在父母之间有不同的行为表现，养成投机取巧的坏习惯。比如看好一样玩具跟妈妈要得不到，便去找爸爸讨，爸爸就给孩子买了。一件事情爸爸不允许，但是妈妈却喜欢，就在妈妈面前做，反正爸爸也不会怎么样。子女从小养成投机取巧的习惯，就会对人格的发展产生十分不良的影响，将来一辈子都受害。所以父母要联合战线，只有采取一致的立场、态度和方向，才会让孩子明白：爸爸不喜欢的，妈妈一定也不喜欢，去哪里试都没有用，倒不如照要求去做好了。

当然，父母面对子女难免会有不同的意见和看法，但应该避开子女私下沟通，更不能在子女面前发生争执。比如关于子女入学、择校等重大事宜，最好事先了解子女个人的想法，然后父母仔细权衡利弊，形成一致的结果之后再向子女宣布。日常性的事宜，按照前面所说让爸爸当“家长”的原则，由爸爸做主即可。有时某些具体的意见，父母不可能完全如出一辙。但是最起码在孩子面前，不要让他感觉到分歧，否则会大大抵消教育的功能。

有的父母做得非常好。妈妈跟孩子在说某件事情，一旁的爸爸觉得这样很不妥当。但是爸爸不会马上当着子女讲反对的话，反而是一句话都不说。妈妈看到爸爸这样的表现，就意识到爸爸应该是有其他的看法，马上就不再继续说下去。然后两个人关上房门再来商量，等到有了一个合理的意见，再由妈妈跟子女去讲。另外，父母最好也不要朝令夕改，否则也会令孩子不知所措。

父母任何一方，都千万不能以出卖或者牺牲另一方的方式来讨好子女。不管有意无意，都不可以在子女面前数落另一半的过失，更不可以明白表示或暗示自己比另一半更疼爱子女或更为子女着想。比如妈妈偷偷给孩子十块钱，还告诉他不要跟爸爸讲，那就让孩子感觉到很奇怪：你为什么这样做呢？那我也可以这样做吗？爸爸也不能因为平常忙，陪伴子女的时间少，为了让孩子觉得自己是个好爸爸，周末就带孩子出去乱花钱。这种所谓的补偿，其实是在讨好子女而出卖妈妈。子女所需要的是父母齐全的爱，而不是单一方面缺陷的爱。子女对父母之中任何一个人产生成见或偏爱，都会在教养子女方面造成不良的影响，应该尽量加以避免。

第二，父母要有巧妙配合。

孩子对于正面的教训，总有一种抗拒心理，往往会认为：你们是为了大人自己的方便，不然讲这么多废话给我听干什么？所以有些道理爸爸说没效果，妈妈说也当耳边风。但是对于大人的聊天，他却非常有兴趣，尤其越小的孩子越是这样。父母通过提前的沟通，将想要灌输给孩子的道理融入对话中，借助相互聊天的方式，把戏演得很像，台词对得吻合，讲出一些道理给小孩听，就会非常有效。

比如一个小女孩常常把妈妈的口红涂得满脸都是，而且屡教不改。她的理由很充足：为什么妈妈可以涂却舍不得给我用？所以就算当面不敢涂，背后她还是偷偷涂。这时父母就可以采用聊天演对角戏的方式来教育她了。于是晚饭桌上，妈妈一边吃饭，一边问爸爸："你最近看到小丽没有？"爸爸这时如果马上说"有"，小孩就提高警觉了：你们又在骗我了。所以爸爸要装得很像，问妈妈说："哪个小丽？"妈妈说："就是朱太太的小女儿，你还记得吗？"爸爸一副不经意的模样说："哦，你说那个小丽呀，吃饭的时候还是不要说了。"妈妈问："怎么不要说了？"其实父母的这些话，旁边的小女儿一直都在很留心地听。但是，爸爸假装根本不在意她，只顾继续跟妈妈说话："她前两天住院了，被医生在脸上开了好几刀，搞得满脸都很难看。"妈妈连忙问："为什么开刀呢？"爸爸很恐怖地回答说："还不是因为她老要用她妈妈的胭脂口红乱涂，涂到最后脸上居然烂掉了一块。"小女儿从此再也不动妈妈的口红了，吓都吓死了，还敢去乱涂？

孩子开始并没有财产归属权的观念，如果第一次拿了家里的钱出去，父母就认为他是偷，他就真会偷给你看。如果遇到了这样的事情，爸爸妈妈配合聊天、旁敲侧击的方式就相当有效果了。妈妈问爸爸："桌上的钱，是不是你拿的？"爸爸说："如果我拿了，一定会告诉你，因为我不是那种随便拿人家钱而不说的人。"其实这些话都是说给小孩听的。妈妈说："是呀，如果你不讲就拿了，人家还以为你偷了，事实上你没有偷的。"这时候小孩就会跟妈妈说："我真的不是偷，我只是不知道那个钱不能拿。”妈妈说：“没关系，没有人说你偷，我们家从来没有人偷东西，不过以后你要注意，免得外面的人以为你有不好的习惯。”这样小孩子很快就改正过来了。

还有些时候，妈妈对爸爸说：“你早上上班的时候，交通很拥挤，对不对？”爸爸说：“是呀，就是不守时造成的，我就晚了五分钟，却增加很多麻烦。”这些有什么好谈的？其实就是为了告诉孩子：要有时间观念，早晨不能赖床不起。爸爸吃饭的时候说：“我以后要少吃一点，因为最近吃多了，总是觉得不消化。”这话是讲给妈妈听的吗？分明是讲给孩子听的。妈妈说：“对呀，我现在做饭盐也不敢放太多，因为太咸了对身体不好。”这些孩子统统听得懂。

生活教育是要在生活当中去教导孩子，而不是拿书本让他去背大道理。吃饭、聚会，大家在一起聊天是最好的教育时机。聪明的父母利用一家人用餐的时间，透过聊天的方式说一些问题，讲一些道理，让孩子自己去了解。孩子把道理听进去了，功能就发挥出来了。这才是真正懂得什么叫儿童本位教育的父母。偏偏很多父母用餐时看电视，既破坏神经，又伤害肠胃，把全家人快乐学习的大好时光全都浪费掉了，实在很可惜。

父母的配合还表现在有一些话，父亲要通过母亲、母亲要通过父亲跟子女讲出来。比如妈妈跟孩子说：“你这次考得比上次好，爸爸很开心，你不要看爸爸表面上好像无所谓，实际上他很关心你。”爸爸并没有讲话，但是孩子感受到了。爸爸跟孩子说：“这次母亲节你表现得很好，妈妈很开心。”他也感受到了，但是妈妈同样没有讲。彼此交换

【坤道感悟】

父母教育子女一定要有巧妙的配合，而不是只有为人父母的心就够的。

去讲，比直接去讲功效要好得多，这种方法可以一直用到子女长大。说到底，父母教育子女一定要有巧妙的配合，而不是只有为人父母的心就够的。

第三，父母要有合理分工。

人要有所敬畏，尤其是孩子更是需要如此。中国人称自己故去的父亲为先严，母亲为先慈。在家庭教育中，我们也是主张父严母慈，这是一种十分合理的教育分工。因为妈妈跟孩子相处的时间比较多，如果也像爸爸一样十分严厉，一方面子女心理上承受不了，另一方面也会对谁都不敢说心里话，从而产生沟通隔阂。所以父亲要严，母亲要慈，父严母慈才有办法把子女教导好。当然，妈妈也不能就此将爸爸牺牲掉，爸爸发了脾气以后，妈妈还要缓和一下：“爸爸不是喜欢骂你，他常在我面前夸你可爱，这样教导你其实是为你好。”这才是妈妈的工作。

【坤道感悟】

中国人主张父严母慈，这是一种十分合理的教育分工。

再举个实际的例子，如果女儿十四岁了，晚上十一点还没回家，你会怎么样？如果毫不在乎，还算什么父母？可是着急也没有用，只能乖乖地等她回来。到了十二点，女儿回来了，你怎么处理呢？如果你骂她，她可能掉头就走，下次彻夜不归，父母又能怎么样呢？

中国人的方法最简单，女儿很晚了没有回来，父母一定很着急，根本不可能安睡。但是听到门铃响的时候，不要马上去开，让她多按几次，然后最好是爸爸去开门。爸爸开门的时候，要装作睡着了被惊醒的样子，先看看女儿，不要讲话，然后再看看墙壁上的钟，也不要讲话。父女二人都不讲话，都回去睡觉。这样女儿才会反省自己。第二天早上，她会去跟爸爸讲：

"爸爸，对不起，我昨天因为同学生日晚会回来晚了。"爸爸说："没有关系，我睡得很好，倒是你妈妈整夜没有睡着觉，你去跟妈妈讲好了。"女儿就去跟妈妈讲，妈妈说："我睡得很好，不用跟我讲，你爸爸整夜没有睡，去跟爸爸讲。"经过父母这样一个共同配合的过程，女儿才能真正记住这个教训。

我们主张严父慈母，不管怎么说其实是有些牺牲父亲、爱护母亲，但是被男尊女卑的成见曲解为父权至上。父亲除委屈之外，又增加了许多冤枉。现在很多母亲喜欢斥责孩子，反而是平时不大接触孩子的父亲偶尔买些东西回来，逗得子女十分喜欢。难道这样的改变是好的吗？一个小女孩跟妈妈外出，蹦蹦跳跳地在前面跑。这时一辆自行车从后面驶来，妈妈大声喊让她赶快躲开。小女孩完全没有理会，最后被车子撞倒了。送到医院后，妈妈跟她讲："我刚才那么大声叫你躲开一点，你为什么不听呢？"小女孩难过地说："你每天回家叫我拿拖鞋那么大声，吃饭拿筷子也那么大声，刚才喊我躲开，我以为又是那些事情，就没有注意听。"母亲平常声音低一点，这个时候再喊躲开，孩子就知道一定有什么问题。一直很大声，孩子听惯了，就变得麻木了。这些都是父母需要反思的地方，不能去怪子女。

约法三章教会选择

子女心中的世界和看法，不可能和成年人一样。孩子接受了受限的观念，父母还一定要让孩子明白什么可以做、什么不能做。事先没有教导，一旦出现偏差就来责备，这是让孩子感到最冤枉的事情。在这方面最有效的办法，就是与孩子约法三章。

我的孩子小时候，我也会带他去看电影。在看电影之前，我会问他："等下去看电影，你想不想吃冰淇淋?"他一定说想，很少有孩子会说不想。这时我就开始让他选择："你是吃完冰淇淋再去看电影，还是看完电影再吃冰淇淋，或者边看电影边吃冰淇淋?"从这里可以看到，我会给孩子自由，但是有限度。他想了半天说："我吃完再去。"小孩也懂得先把眼前的赚到手，过会想吃再跟父母要的这一套。

我说："好，这可是你说的，吃完了再去看我同意。但是我告诉你，你吃完了，一会儿进了电影院，你看到别的小朋友吃冰淇淋，你又会吵着要。"他说："不会。"我说："还是会。"他说："一定不会。"我说："你说话可要算数。"他说："我就是不吵着要。"通过这个过程，他的印象很深刻，就不会吵了，他不好意思吵。

只做到这一步还不够，我接着说："你吃完冰淇淋再看电影，看到别的小朋友吃也不吵，这很好。那看完电影以后，再经过卖冰淇淋的地方，你会不会又想起来要吃冰淇淋?"他说不会，一定不会。这样一来，需要限制的都限制住了，他自己就会约束自己，然后就乖乖地去看电影了。看电影的时候，我还故意问他："哎，人家吃冰淇淋，你想不想吃啊?"他说："那是坏小孩，我是好小孩，不吃。"父母没有一套，那子女就造反了。我们常常是高高兴兴地带孩子出去，最后搞得乌烟瘴气回来。

父母划定选择的范围，然后让子女自由选择，这样会增强他的自我约束力，同时还要帮助他懂得怎样的选择最合理。所以我也可以劝他，说："你最好不要吃完以后再去看电影。我们刚吃过饭，现在吃冰淇淋肚子容易疼，也没什么味道，那我们先去看电影。看电影就专心地看，边吃边看也容易分心，看不懂电影在演些什么。而且看完了你才吃，就不用老控制自己。你想什么，但不能做，一直控制自己太辛苦了。所以我要跟你商量，我们现在不吃，等看完以后，我们高高兴兴吃完冰淇淋再回家，这样好不好？”

我们的人生不是完全受限制的，人没有苦到那个地步，更不会惨到一点机会都没有。但是，人也没有自由到可以随便有各种的选择，没有人会这么幸运。其实仔细想想看，那也不是什么幸运。成功是有选择的能力，然后按部就班地一步一步去积累，那才是稳当的东西。父母通过约法三章，使孩子学会在有限的范围内做出合理选择，他将来到社会上的适应能力就会非常强。

再举个例子，妈妈带孩子出去玩的时候，心里一定要知道他会吵着买玩具。他今天要这个妈妈买给他，下次又想要那个不给他买，他就躺在地上打滚，很多家长都有这样的经历。如果作为妈妈连这个也想不到，还算什么家长呢？所以在没有出门之前，妈妈就要问他：“今天我们出去玩会看到很多玩具，你想不想买啊？”他肯定说想。问他想买几个，他当然说想买很多。这时候就要跟他说：“那你自己出去玩好了，妈妈钱不够，没有办法买那么多。”这样他就知道并不是想买多少都可以的。妈妈再问他到底要几个，他说三个。妈妈就告诉他：“三个买回来你一时玩也不了，我们把其他两个送给隔壁的小朋友玩，好不好？”他一定说不要。这个时候再问他买几个，他就会说只要一个了。

有了取舍之后，妈妈还要教会孩子如何选择：“当你看到玩具店里有很多玩具时，我教你怎么挑选，这是别的小朋友不会的。”听到妈妈这样说，孩子就会很愉快，愿意听妈妈接着说下去。“你先看一遍，看看喜欢哪个。喜欢五个十个都没有关系。第二遍再看在这些喜欢的里面你想要哪个，选出三个。再看一次，选一个最喜欢的，就可以买了。”这个方法行之有效，孩子不但不哭不闹，而且还会很开心地接受父母的要求。现在的父母根本不教孩子这些，反而给他很多引诱，令他自己根本控制不住，更无法做出合理的选择。

尤其第一次做的事情，更不能让子女自己做主张。小孩子看到茶杯想拿，要问问妈妈能不能拿。当然，孩子开始时候可能会忘记，所以父母要提醒子女：这件事你知道怎么做吗？孩子把自己的想法说出来，父母听听看他的想法是不是正确，然后按照上面刚刚说过的方式，予以必要的辅导。慢慢养成习惯，父母就会很放心。

父母不要上来就说孩子不知道，他是不会接受的。人都是有尊严的，他心里会想：你说我不知道，我有什么不知道？我比你还懂！父母问问子女，让他自己说嘛。人只有承认自己不知道，才会接受别人的意见，就差这么一点点而已。孩子如果说不知道，父母要告诉他：我像你这么大的时候也不懂，后来大人慢慢教我，我才一点一点懂的，所以慢慢来，时间多得很。这样孩子才不会承受很大的压力。

我以前都是告诉我的孩子：你不要急，我们慢慢学。你想知道什么，你就问我。我不懂，我会问别人。老实讲，一个大人装作样样都懂，最后一定会让孩子没信心，因为他也会怀疑：你怎么什么都懂，你说得对吗？但是，如果孩子对父母有一百个信心，认为妈妈什么都懂，把她当做神也完了。

我小孩进小学的时候，常常跟我问很多奇奇怪怪的问题，其实我不懂，我哪里会都懂。但是我不充内行，不会给他讲得天花乱坠，不会把自己逼得很辛苦，整天去查百科全书应付他。做那么累的爸爸干吗呢？我就对他说："你问的这个连爸爸都不懂，但是我告诉你，你去问老师。老师告诉你了，你回来再告诉我，让爸爸也顺便知道一下。”我把他推给老师，让老师去忙。孩子有了使命，在学校就会认真地学、仔细地做笔记，因为要记下来回来告诉爸爸。孩子回来给我讲，他一讲我才知道：这个老师分明是在乱说。我就会想办法去学校，问问老师怎么这样上课。如果这个老师讲得很好，我就会很放心，庆幸他遇到了一位好老师，自己也从中又学到一些东西。爸爸什么都懂那一定是骗人的，妈妈什么都懂就累死自己了。要透过子女去学习，为什么自己累自己呢？

第二次再来做时，要让孩子想一想：上次是怎么做的？做得好不好？要给孩子反思的机会，否则孩子会依赖父母。如果很好，就照样做；如果不好，分析哪里不好，这次要怎么做。成年人做事也是这样，从小要训练他这套方法，一辈子管用。

想做而没有做的事情，也要约法三章。父母告诉子女：你想做什么事情，事先跟我商量，我一定支持你。不商量就去做了，造成了恶果再来找我，我真的帮不上忙。孩子如果听不懂，父母还可以告诉得再清楚一点：比如你要跟同学去陌生的地方野营，要告诉我到哪里去，我会告诉你那个地方安不安全，要注意一些什么事情。

打与不打不是目的

说到管教子女的方法，我们马上会想到该不该打孩子的问题。没有人会赞成打骂教育，但是完全不打，恐怕也不是最好的管教方法。其实该不该打不成问题，答案十分简单，应该打就要打，不应该打当然不可以打。所以我们不必去讲可以打或者不可以打，应该研究的是为什么打，如何打才有效。西方人的遗憾，就是一辈子都活在二分法里面，他们总是在讨论该不该打。

我自己的儿子，我当然有权打。但是有权打，并不是有权乱打。其实我根本不打我的子女，我会塑造那个氛围，让他们知道搞不好爸爸是会打人的，那时就可以不打了。只要子女有这种意识，就会适可而止，就会自己管住自己。何况我们会告诉孩子说：小杖则受，大杖则走。爸爸过分打你，赶快跑就没事了。

孩子有的要打，有的可以不打。就好像鼓一样，有的轻轻一敲就很响，有的敲破了也没有用。响鼓是不用重锤的，乖巧的孩子不需要重打，点他一下就通了，自己就会管好自己。可是有的孩子，怎么讲都听不进去，只知道皮会痛，其他一概不知道。每个孩子都不一样，教育没有一定的理论。什么样的父母，什么样的子女，彼此怎么互动，不是第三者所能指出和决定的。我们要尊重他们的互动，成果怎么样他们自己会去调整。

但是不管怎样，体罚子女是一种不得已才采用的方式。因为父母责打子女，无形中会教导子女养成打人的行为习惯，将来遇到忍无可忍的时候，就会出手打人。而且孩子打常了以后，会变得麻木，反正是要打我，那就打吧，打完就没事了。一旦这样，跟他讲什么他也不听，告诉他什么他也不想，这种打就变成了单纯的体罚，变得毫无意义。父母的目的要让孩子知道错在哪里，我们是透过手段，让孩子明白他的错误。所以打只是手段，并不是目的，而且是最后才动用的手段，不能轻易去动它。

【坤道感悟】

打只是手段，并不是目的，目的是让孩子知道错在哪里。

父母在打孩子的问题上，第一个不要跟子女斗气。全世界最有情绪的是中国人，因为中国人是天底下最容易冒火的人。父母为了发泄自己的情绪去打孩子，这是绝对不应该的事情。

第二个不要跟子女斗力。小的时候还可以拎过来打一顿，孩子慢慢大了就越来越不方便打了，再说一直打下去，等到十八岁父母还打得过他吗？第三个对子女要多斗智。我们举个例子大家听听看。

一位妈妈下班回家，看到3岁的儿子拿着彩笔，在墙壁上画画。妈妈当然很生气，可是妈妈没有骂儿子，反而笑着跟他说："你居然这么会画画，我还从来没有注意到。"孩子一听很得意、很开心。再说一遍，当一个人开心的时候，是完全没有抵抗力的。妈妈就接着开始进攻了："你接着画，画完以后，我们礼拜天拿回去给你祖父看，让他也高兴一下。"孩子说："画在墙壁上的，怎么拿得回去呢？"妈妈说："对呀，怎么我没想到呢？你要怎么才能拿回去呢？""我要画在纸上啊。"于是孩子乖乖地去找来画纸，画完后礼拜天带回去，拿给祖父看。因为一切都在妈妈的掌握之中，祖父一定夸奖他画得真好。妈妈回来后，趁热打铁对儿子说："以后还要不要再在墙壁上画？"他说："才不要，爷爷下个礼拜还要看我新画的画，画在墙上我就没法拿给他看。"妈妈说："那我帮你把以前的擦掉吧。"儿子说："不要你擦，我自己会擦。"

妈妈没有放纵儿子，妈妈还是很严格，但是没有打骂孩子，教育的目的也达到了。父母要记住，讲话要站在孩子的立场，随时改善子女的行为，从第一句话就要让孩子听得进去，这样才能有效果。根本听不进去，再急也没有用，父母要自己去调整。

前面说过，孩子做错了事情绝对不能放过。因为同样的事情，第一次做错父母没有纠正，第二次错了再来教导，孩子就很纳闷：为什么上次这样可以，这次就不可以？是不是妈妈心情高兴的时候可以，不高兴的时候就不可以？父母难就难在这里，第一次没有纠正孩子，第二次再犯的时候打他，他会觉得是父母不高兴，而不是自己做错了。慢慢孩子就会认为，妈妈一不高兴我就倒霉。

那么到底在什么情况下才可以动用“武力”的方式？我们的建议是警告孩子五次，父母才可以考虑打的问题。父母要让子女知道，爸爸妈妈不会平白无故打你，更不会因为自己的不高兴就打你，一定是你犯了很严重的错误，而且是屡教不改才会这样做。比如一个孩子不小心打破了一个汤匙。父母说：“汤匙破了就破了，你的错不是打破汤匙，而是做事不小心，以后要注意。”第二次又打破了。父母就要警告他：“这是第二次了，怎么还是这么不小心，非要打你才能记住吗？”孩子说：“不需要，我能记住的。”第三次又来了。父母告诉他：“再有下次就真的要打了，因为不打你记不得。”父母要让孩子明白不是要打他，打他是帮他记得不可以做错事。到了第四次，父母就要问问他：“这是第几次了？”孩子说：“是第四次了。”父母再问他：“按照我们说好的要怎么样？”孩子说：“要打了。”孩子准备好要挨打了，父母最后才说：“我打你干什么？你记住就好了，我也不是喜欢打你，这次我不打你。”真到了第五次，父母没什么好说的了，五次都改不了：“你要我打你哪儿你说，你说打手就打手，你说打屁股就打屁股。”孩子想想还是打手心好了。父母再问他：“用什么打你选一个？”最后问问他：“你真的知道了？”真的要打孩子，要有这样的一个过程。很多时候，父母打了孩子自己却不知道为什么打他，孩子挨了打也搞不清到底是因为什么，这样完全没有意义。

上天把子女托付给父母，同样赋予父母教养所需的权威。可见在合理的情况下，父母对子女加以责备、处罚、教育、指导，不但必要，而且十分重要。父母对待子女，多问应该不应该，少问喜欢不喜欢。因此应该责备的时候，一定要加以责备；应该处罚的时候，也不应该马虎放过。父母要让小孩知道爸爸妈妈是有原则的，不能随便去改变。家庭要有规矩：我们家就是这个样子，别人家怎么样那是别人家的事，与我们没有关系。一旦家规立起来，小孩就会知道要怎么样去约束自己，也自然就知道该怎么样去做了。

现代父母接受不可体罚子女的新主张，竟然一下子就将“玉不琢不成器”、“人不打不成材”的古训全部抛诸脑后，是不是过分喜新厌旧呢？应该不打时，当然不能打；非打不可时，怎么可以逃避应该打的责任呢？再没有现代知识的父母，也深知“既然把子女生下来，就应该负起责任，把子女教养成人”的道理。因为做与不做，有效与否，基本上都一定要自作自受。

第十一章 教养之道

——习惯培养至关重要

中国人常说：子女在父母的心中，永远是长不大的孩子。这句话应该有三层含义：第一，只要父母活着，就有责任教养子女。第二，子女长得再大，也需要父母给予阶段性的、不同的教养。因为每一个时期，都有一些需要父母指点、提示的地方，而这些地方只有父母最清楚，也最方便说出来。第三，子女再大，也要孝敬父母，尽量按照父母的理想，使自己做得更好。

亲子关系是果，家庭教养才是因。有什么样的因，就会产生什么样的果。我们为了掌握根本，所以把重点放在子女的教养上面，希望通过正确的教养来建立良好的亲子关系。家庭教养的主要内涵应该是帮助孩子了解所处的环境，确立自己的价值观、伦理观和世界观，并且学会适当地持经达变，以求因时、因地、因人、因事而制宜。一家人的人生观和价值观越是相近，彼此的沟通就越畅通，亲子关系也就更为和谐和亲密。现代父母和过去一样，十分重视子女的教养，可惜所采取的原则和方法，忽略了我们中华文化的特质，反而造成学校与家庭的矛盾，使孩子无所适从。

奠定子女一生基础

父母通过家庭教育，为子女一生所奠定的基础十分广泛。大致可概括为正确的生活观念、基本的生活技能、良好的生活态度和习惯。前面说过，中国人自古以来重视福气，少年要惜福，中年要造福，晚年才能享福。父母从小教育子女具备正确的生活观念，产生合理的生活态度，养成基本的生活技能，才能在惜福的基础上从小培福积福，以便日后造福之用。

父母教养子女的过程当中，最重要的是看父母能否有恒、持久地教导子女。我们看到一些父母，对于子女的教导只能够维持五分钟的热度，甚至随着自己的高兴有时宽松、有时严厉，有时禁止、有时无所谓，这种一曝十寒的态度，使子女无所适从，也很难养成良好的习惯。所以父母必须研拟一套适当有效的教养方法，当然，方法正确，未必就能教养出预期的子女，但是，方法不正确，一定不能教养出优秀的子女，这一点毋庸置疑。

第一，培养子女正确的生活观念。

父母教养子女，必须注意奠定子女一生的良好基础。这个基础就是我们常说的 “性格”。什么是性格？英国有一位神父胡尔说过：“性格是有原则的生活。”我们的思想、言语、行动，合起来就是生活。生活要有原则，也就是要有一些生活观念。这些生活观念深入内心，产生一些行动，随时应用在生活中的任何环境，如果能够始终如一，保持一贯性，就形成了性格。父母用心培养子女一些正确的生活观念，也就是培养子女良好的性格。性格良好，命运便跟着良好，因为命运其实是性格的产物，有什么样的性格，就会有什么样的命运。

子女所需的生活观念内容很多，比如读书的习惯、好学的精神、团结友爱、谨言慎行、尊老爱幼、知错就改等。我们在这里，只提出三个最基本的观念，那就是好学、知耻和上进。这三个基本的生活观念，不管时代怎么变化，绝对不能放弃。子女从小培养出这三个生活观念，其他的观念便会如“三生万物”一般，触类旁通，自然产生，终生受用不尽。

好学。中国人讲求一切照道理，但是道理不是与生俱来，生下来就知道的，必须后天勤于学习、日积月累，才能懂得。从小培养孩子求知的兴趣，凡事多问几个为什么，而且最好能养成喜欢读书的好习惯，这样一辈子受用无穷。任何事情，只要有兴趣，只要懂方法，就会变得十分轻松。孩子自己会读书，进步的速度一定比父母教他快得多。养成好学的习惯，子女自然会从书本中、从长辈的谈话中，了解许多做人做事的道理。好学是一辈子的事情，可以直通，也可以迂回前进，只要有心，随时随地可以学习，绝不受任何限制。

有一年暑假我在美国，正好赶上他们在讨论一个问题：什么会使美国走向衰败？美国人讨论来讨论去，结果认为最大的祸根就是电视。电视是不可避免的，本身也没有好坏之分，但是传播的价值观不能扭曲，电视的制作人不能没有良心。现在电视传播的是什么？一句话：“狗咬人不算新闻，人咬狗才是新闻。”电视上有太多太多错误的资讯，但是它很新奇、很香艳、很搞怪，能迎合部分人低级的收视需求，却不知道对社会的危害不可计数。有的电视人告诉我，自己制作的节目都不敢让自己的孩子看。我问他们自己都不敢看，还做这种节目干什么？他们说：“没有办法，要拼收视率呀！”这就是市场导向带给人类很大的悲哀。

专家言论，并不代表本台立场

现在的子女这么难教，就是受到了太多乱七八糟资讯的干扰。其实就算是欧美家庭，也大多对孩子看电视的时间加以限制，所看的节目要经过父母的筛选。反而不像我们这样，丝毫不加防患地让各种节目直接侵入家庭。一个喜欢学习的人，一定有前途。就算遇到挫折，也会是暂时的。但是今天这样一个资讯爆炸的时代，面对形形色色的各种言论，甚至到了子女越好学，父母越不放心的地步。父母要逐步通过对子女的规范和引导，慢慢养成孩子自己的判断力、观察力和选择力，这是父母面对现状的唯一办法。态度、方法正确，方向更不能错，一旦观念误导了本来好学的子女，最后只能事与愿违。

知耻。只要是人都会犯错，谁也不能保证自己不犯错误。所以父母不能要求子女不犯错，但是要培养孩子知耻的观念，也就是知道惭愧。唯有知道惭愧的认识，才有敢于承认的勇气，进而有知错必改的决心，并且不再犯同样的过失。孔子当年也没有要求不犯错，只是希望“不贰过”，就是不要犯第二次。

人的感情一部分是自发的内省，一部分是迫于外在的压力。今天的父母受西方的影响，认为做错了事向别人道歉是礼貌的表现。于是经常告诉子女：别人送你东西，要说谢谢；做错了事情，要跟人家道歉。父母不断强化要“道歉”的外部压力，就会弱化子女内心“知耻”的观念，久而久之养成一种认识：犯错没什么大不了，只要道过歉就没事了。这种想法之下，子女很难有“求改进”和“不贰过”的自发内省。

西方人性格比较情绪化，如果一时冲动伤害了别人，只要事后诚心道歉，对方会坦然接受，关系也比较容易一如既往。中国人则是一个不太接受口头道歉的民族，就算嘴上表示谅解，但内心的芥蒂却很难彻底消除，感情的裂痕不是道歉就能抚平的。错误已经犯了，人心已经伤了，后果已经造成了，说句道歉的话就能一笔勾销吗？

中国人这样，不是因为我们“小气”，而是有两个用意：一方面做错了就是做错了，口头上的道歉没有用，要用实际的行动，让对方感觉到自己的歉意，弥补所造成的伤害；更关键的是提醒中国人时刻要慎始慎行，尽量不要造成需要道歉的事实。意气用事地随便犯错，再用道歉来了事，在中国社会是行不通的。比如一个人背着个大背包，不小心撞了你一下，然后说声对不起，回过头又撞你一下，再说对不起，你会觉得很愉快吗？与其亡羊补牢，不如未雨绸缪。既然背着背包，就要想到背包随时可能撞到别人，所以拿下来放在胸前才是正确的方式。

知耻的人除了慎行，必然也会谨言，以防说错话被人笑话。孟子说：“予岂好辩哉，予不得已也。”就是告诉我们，人是不得已才讲话的，能够不讲最好就别讲。今天的人讲得太多，听得太少，所以往往不长进。大家在一起，不讲话的人收获最大，讲话的人把肚子里面的东西都讲光了，一无所得。

谨言慎行是知耻的表现，没有羞耻感的人最糟糕。父母要教会子女凡事先想一想，怎么做才合理。如果不明白，及时向父母或长辈请教，以便犯错。万一做错了，必须勇于改过，力求不再犯第二次。可是我们现在都在训练孩子不害羞，尤其是女孩子如果不害羞的话，将来怎么教导呢？

上进。一代更比一代强，唯一的希望就是建立在子女能够求上进上面。中国人永远不认输，永远向前进，这便是求上进的表现。那打输了怎么办？我们调过头来继续前进，只是方向不一样而已，这就是标准中国人。因为人一旦认输，就会兵败如山倒，追求上进的信心就荡然无存了。我们不认输，但是要承认自己的疏失、过错，然后力求弥补、改进。

现在的孩子很害怕失败，怕失败的人什么事情都不敢尝试，又何谈不断上进呢？父母要从小就培养子女的这些观念，鼓励孩子大胆去尝试，不害怕失败，也不要急着成功。因为与其晚失败不如早失败，与其早成功不如晚成功，真正的大器都是晚成的。

我们求上进、不认输，但并不是样样都要不输于人。人样样都要赢过别人，就等于输掉了自己，结果必定害死自己。人要比，但中国人主张自己跟自己比，不要总跟别人比。自己跟自己比，一天比一天有进步就够了。活到老就要学到老，永远不松懈，这是一辈子的事情。只要方向正确，方法合理，人向高处走，应该像水往低处流一样自然。

第二，培养子女所需的生活技能。

人活在世界上，什么东西最重要？说来说去，生活最重要。生活需要某些技能，才能够生活得安全而自在。可惜我们现在过分重视事业和金钱，却忽略了生活；过分重视专业技能，却严重忽略了生活的基本能力。我们很容易发现现代人有丰富的知识，却竟然缺乏生活的能力。

父母最好明白，管教子女，应该从日常生活中培养子女正确的生活技能。一般人总认为一技之长指的是就业所需要的技能，却经常忽略了基本的生活技能才是终其一生都需要的一技之长。缺乏生活的技能，在日常生活上遭遇不便或产生困难，不但会受到他人的嘲笑，也会影响到今后生活的质量。

三岁以前的孩子，学会了爬和走以后，一定会翻箱倒柜把家里的东西搞得一团乱，这个时期基本无从教起。父母只能等他睡着以后，把翻乱的东西整理好。三岁以后的孩子，便应该开始生活能力的训练，最基本的是在衣和住方面做到整洁（包括整齐和清洁），在食和行方面做得安全和合适。

整洁。教育孩子物有定位是最省事的方法，要养成自己的图书、玩具摆得整整齐齐的习惯。要玩可以，玩完了一定物归原位，不能一走了事。上学以后，每天晚上一定要把书包整理好才去睡觉，不然一早起来到处找不见，去学校也丢三落四，别人就会看笑话。有些孩子都上小学了，还不会大小便，衣服搞得脏兮兮的，这是父母的责任。

安全。安全第一，这是父母必须紧紧掌握的原则。父母不可以把安全的责任放在子女的身上，用规定这样，规定那样的方式，来维护子女的安全。特别是子女还小的时候，父母更应把家里布置成安全的场所，让孩子在安全的范围内进行探索尝试，是父母必须善尽的责任。

明白不安全的事情不要轻易去冒险，也是教导子女的重点。把玩具交给孩子的时候，务必把正确的使用方法反复示范，细心引导。如果孩子做得好，就适时加以赞美，以加深孩子印象，促进养成习惯。

合适。随时随地根据孩子的年龄、程度、家庭背景，做出合理的调整，即为合适。不是说什么都要给孩子最好的，或者别人有的东西，自己的孩子也一定要有。别人都有，自己未必要有；自己所有的，别人不一定会有。合适自己的才是最合理的，为什么要处处和别人相同，样样与别人一样呢？有些不同，更加有趣。人的生活由俭入奢易，由奢入俭难。父母必须考虑自己的条件，以免养成子女追求舒适，攀比物质的生活习惯。

关于生活技能，最要紧的是让子女从做当中去认知、去学习。其实对小孩来讲，游戏是最好的学习，而且他一定感兴趣。可是我们常常认为游戏是浪费时间，反而逼着从小去学英语、音乐、舞蹈，这是剥夺孩子童年的快乐。天才的小孩其实很可怜，越早被发现是天才越可怜。

第三，培养子女良好的生活态度和习惯。

人是习惯性的动物，子女一生是否幸福，取决于是否拥有良好的生活态度和习惯。养成良好的习惯，终生受用，自然幸福；养成一大堆不良习惯，遗害无穷，当然不可能幸福。一个人不自爱，被大家所反感，就是因为他身上有很多坏习惯；一个人得到周围人的欢迎，其实得益于他身上有很多好品质。子女良好生活态度和习惯的培养，必须依靠父母对子女自幼教养而成。有些父母认为“树大自然直”，忽视孩子从小习惯的培养和一些不良习惯的矫正，到最后的结果往往都是追悔莫及。父母最好能够善加辅导，使孩子逐渐养成勤劳、守分、有恒的生活态度和习惯。

勤劳。勤劳的意思是喜欢做事、不怕劳苦。一个勤劳的人，一辈子都有保障。他不会觉得事情做起来很累，不会老把事情推给别人，不会跟人家难以相处，不会让将来的老板看不起，不会让同事把他排挤掉。勤劳的人处处会受到别人的喜欢，从而有更多的机会发展自己。

勤劳是一种观念，懒惰也是一种观念，懒惰和勤劳刚刚相反。懒惰就是不喜欢做事、很害怕吃亏、不愿意受苦。我们时常骂人办事不起劲，能拖则拖，能推则推，一件事情本来应该今天办的，偏偏今天不办而要拖到明天、后天才开始；本来应该由他办的，他偏偏不办，要推给别人去办。这种误人误事、耽误时间的毛病，真正的原因其实就是懒惰。从小养成勤劳的好习惯，才有办法破除懒惰的坏习惯。

守分。守法和守礼，合起来就是守分。子女从小扮演好自己的角色，约束好自己的言行，凡事懂得不以自己为中心，不要自我膨胀，能考虑他人的感受，这样的人一辈子安全。该是自己的才要，不该是自己的就不要，一定可以奉公守法，恰如其分。

中国不是骗子多，而是喜欢上当的人太多。只要不贪小便宜，一辈子不会上当。否则讲了100种方法，别人用第101种方法你又完了。想不上当只有一种办法——不贪小便宜，不是自己的就不要。父母告诉子女要守分，一生不要占小便宜，孩子就很安全。不必教这个教那个，守分才是根本。

有恒。父母希望子女有一天会出人头地，而出人头地要一份耕耘，才会有一份收获，可见有恒才是成功的根本。父母教育子女，子女如果不能够继续教育自己，养成终身自我学习的习惯，是不可能成大功立大业的。要从小培养子女做事情有始有终的习惯，不但果敢坚忍，而且坚毅有恒心，不能虎头蛇尾。

生活态度和习惯来源于观念，是生活观念的具体表现。因为观念看不见，态度却看得见，所以比较容易观察。孩子的观念不可能一下子就固定下来，而是变化不定的。一般来说，一岁、三岁、五岁等的奇数年龄属于平衡期，孩子经常表现得和天使一样，使父母十分开心；而两岁、四岁、六岁等偶数年龄属于不平衡期，孩子表现得有如怪物、恶魔那般，令父母头疼不已。这种起伏不定的曲线，也表现出孩子学习的过程。

父母最好采取顺其自然的方式，让孩子在自动自发中不断地摸索、学习和改变。习惯成自然，只要一切成自然，就会变成自己的一部分。只要养成了勤劳、守分、有恒的态度和习惯，孩子会感觉这些都是本该如此的事情。

在子女从小到大成长的过程中，每个阶段都会有不同的变化。对于各个阶段的特点，父母需要客观地去了解子女，而不是凭自己的主观来认定。父母教养子女，需要制订长远的计划，依照年龄和阶段的不同给予不同的教养。掌握教养实施的重点、方法和尺度，做好阶段性的调整，是身为父母的最难之处。任何一个阶段不能做到适时适度，都难以产生良好的教养结果。

一般而言，零到三岁是一个阶段，三到六岁又是一个阶段，进入小学又不相同。不过零到十二岁，可以看成进行生活教育的最佳阶段，学习功课并不是很重要。初中阶段，可以说是最为棘手的时期，稍微不小心就容易发生偏差。这时期的教养最好是知识及生活并重，并且特别注意子女交友的状况，以确保其正常成长。高中阶段，要逐渐放手，让孩子自立，打好大学阶段离家独立的基础。考入大学以后，要鼓励孩子关心社会、国家，将来成为有用的人。成人之后，父母可以用朋友的态度来对待子女，子女却应该谨守本分，把双亲当做父母来尊重，并且随时恪尽孝道。

人生最关键的，就是做好阶段性的调整，父母子女皆是如此。阶段性调整怎样来做，固然由父母的价值观来决定，但是子女的感受也是父母必须注重的因素。父母也不是圣贤，不敢担保自己的价值观不会误导子女，所以合理的方式是随着子女的年纪增大，逐渐减少“绝对”的观念，放宽“相对”的角度，来开阔子女的视野。

我们说过一般动物初生便能独立，但是以后的情况维持一生，而且世世代代的本能少有变化，反而没有什么可塑性。人类婴儿的依赖性强，照顾起来十分费神，要经过漫长的时间才能成熟。但是父母却可以依据子女先天的潜能，加上后天教养的配合，塑造出自己所喜欢的、独特的子女，这是上天最大的恩赐。无论先天还是后天，父母的作用都非常要紧。下面列举各个年龄段子女教养的重点，以供父母参考。当然，仍需遵循子女个体差异的规律，灵活运用而非生搬硬套。

周岁婴儿教养重点

中国人不是从诞生才计岁，而是胎儿尚在腹中时就已经开始算起。因为产前、产后是连续的，我们从受孕开始就尊重子女已是生命。所以怀胎十月算作一岁，而非子女出生才算一岁。实际从怀孕开始，母亲就应该负起照顾胎儿的责任。胎儿满四个月后会出现胎动，其实妈妈这个时候就开始与子女互动了。有的人怀胎比较平静，有的人反应比较剧烈，是因为孩子的个性不一样，跟母亲的互动不同造成的。一般人只担心孕期不能剧烈运动，以免引起流产或早产，却忽略了孕妇活动量少或者姿势缺少变换，会造成胎儿所接受的刺激不足，失去学习运用各种感官系统的机会。

胎儿的发育，会受到母亲健康和营养状况的影响。至于胎教，虽然迄今为止仍然找不到科学的依据。但是我们相信，对孕妇细心的照顾，创造愉快的氛围，接触美好的景物，无论如何对母亲和胎儿都有良好的帮助。

第一，正确对待婴儿生理需求。

婴儿出生以后，最需要父母的爱心，但不代表要给孩子过分的关心。有些矫枉过正的父母，认为孩子刚刚出生太过脆弱，非要时时搂在怀里加以保护不可，而且一哭就更加手忙脚乱地不知所措。对于婴儿的啼哭，妈妈需要小心谨慎应付。婴儿一哭妈妈就去抱，孩子会感觉哭很有效，便会越来越喜欢哭。这样抱也哭，那样抱也哭，搞到最后妈妈一筹莫展，其实是大人宠坏了孩子。当然对于婴儿的啼哭，也不能置之不理，这样孩子以后会变得眼神呆滞、感情冷漠以及反应迟钝，后遗症更大。

哭是婴儿表达意见的一种方式，生下来不哭的孩子，最让父母着急。婴儿一哭，妈妈首先应该看看他为什么哭：是不是肚子饿了？是不是尿布湿了？是不是哪里不合适了？婴儿不会讲话，只能用哭这一种方式，表达各种各样所有的意见。妈妈各项均检查一遍，如果都没有问题，这个时候再去摸摸他的脸蛋和手脚，在一旁和他说说话，告诉他妈妈就在旁边，只是没有抱他而已。还可以放些合适的音乐给他听，拿些会转动或发声的玩具让他看，在这样的爱抚和刺激之下，满足婴儿向外界寻求信息的本能，说不定自己就睡着了。婴儿慢慢接受这种方式，就不会哭起来没完没了，对以后的性格应该也有帮助。

婴儿最早的玩具就是自己的身体，而且会重复运动自己的身体。三个月以前的婴儿扛不起头来，所以不能让他趴着。三个月以后，脖子会慢慢硬起来，活动的欲求也会加大。妈妈从三个月开始，就要不断地帮助他有节奏地活动手脚。这样孩子才会有良好的身体协调性，而不是全身都在那里扭来扭去。这个阶段的婴儿对声音的感觉日渐增强，能听到什么程度还没有办法了解。妈妈说一遍他不懂，多说几遍逐渐就会有些反应。

婴儿五个月之前不会认人，没有人与人之间的那种连接感。谁去抱他都一样，只是姿势力道对不对，抱得舒服不舒服而已。这其实是老天对人的一种照顾，如果一生下来就认定妈妈，万一妈妈有个三长两短，孩子还怎么活？当然，这只是一种不幸情况下的预案。但是父母要利用这个缓冲的阶段去学习和摸索，尽快调整好自己做家长的角色。

第二，婴儿并不需要特别环境。

通常从六七个月开始，父母就要开始注重对婴儿脑力的开发。提供孩子一些可以拨弄的玩具，但并不需要什么特别的设计。妈妈在旁边看着他玩就好了，不要勉强他做什么，也不要教他怎么做。玩玩具是为了培养孩子的创造力，孩子会有自己的变化，这是创造力的来源，家长不能剥夺。现在都是 “撕不破”，还有拼图之类的东西，按照样子呆板地去拼凑，难有什么创造可言。孩子从小没有撕过纸，其实是个遗憾。一张纸让他自己撕着玩，妈妈一旁保护他的安全，看好了不要割伤手，这才是大人要做的事情。

说明一下，婴儿阶段并不需要特别的环境。父母添置豪华的婴儿床、高档的童车、昂贵的玩具，说白了就是家长小时候没用过、没玩过，现在趁机买来补偿以前的缺失或者自己玩而已。这些对婴儿一点用处都没有，只是在满足家长自己的心理需求。

第三，通过行动传达规矩观念。

婴儿八个月以后，个性逐渐开始形成。一个人的自信心奠基于出生后的八至十八个月之间。短短十个月的时间，会对人的一生产生重大的影响。母亲在这个阶段，可以说是唯一的教养者，不但要充分表达对婴儿的关爱，而且要通过示范、教导和协助的方式，严格要求婴儿执行父母所规定的规矩。我们常说教养子女要趁早，这段时间一定要把握住。

母亲此阶段对婴儿有所规定，主要是帮助孩子建立 “规矩” 的概念。这种概念的建立，不是靠语言去让孩子知道，而是靠行动来让孩子感觉。比如说婴儿吃饱了，妈妈就把他放到床上，让他自己休息一下。这个时候要让孩子明白：现在要玩你就自己玩，要睡你就自己睡，但是我不会抱你。妈妈一定要通过自己的规矩传达守规矩的信息，不是今天高兴了就去抱他，明天不高兴了哭也不理他，那就是妈妈没有规矩。现在很多父母就是自己没有规矩，喜欢了就抱他，累了就不管他，这样怎么能让孩子懂得什么是规矩呢？

人为什么要守规矩？因为宇宙是有规律的，寒暑变换、昼夜交替都是规律。人是自然的产物，也要遵循自然规律。遵循规律便是守规矩，白天就该精神好，晚上就要休息好。我们常常觉得孩子好像随便怎样都可以，其实不然。从严到宽比较容易，从宽到严则很困难。人懂得守规矩，才是自信心的来源。想想看，一个人出去以后规规矩矩，大家对他的看法就是他很有自信。不晓得我们现在对自信心怎么理解，其实就算是现在大家一般理解的自信，也应该是“自性”。

孩子属于家庭里的成员，每个人都跟孩子有关系，都要贡献心力，付出爱心，替他的成长做一些事情。一天当中有时候让孩子单独，有时候一两个人陪他，有时候一大堆人陪他，让他经常体验各种不同的情况，长大以后就会有很好的弹性和适应力。

三岁以前教养重点

中国人常讲“三岁主皮，五岁主骨”，是说孩子三岁以前有什么问题，还有改变的可能。可是到了五岁，就会根深蒂固。三岁以前子女教养的重点，应该以品德和生活习惯的养成为主。父母可以运用三个办法：指导、提醒和改正——事前指导孩子，过程中提醒孩子，做错了帮助孩子。父母以身作则，在和子女共同生活的过程中保持和谐的气氛，通过三种方法不停地循环使用，提供各种安全的尝试让孩子自己成长。但是要随时纠正孩子不对的行为和观念，使其逐渐养成良好的习惯。

第一，培养孩子的习惯要有计划。

人一生需要学习的事情很多，吃饭、走路、坐立、说话等方方面面，没有一样天生就会。而且，中国人说站要有站相，坐要有坐相，每样事情都不是想象的那么简单。各人吃相不同，穿衣戴帽的方式也不一样。有些人一辈子不会用筷子，不会系扣子，都是三岁以前的教养和成长过程所造成的结果。等到子女长大了，才来教导子女不要吃饭那么快，筷子要拿得高些或低些，实在是不恰当的事情。

既然要学的东西非常多，父母心中首先要有一个计划。不能想到什么教什么、看到什么教什么，坦白讲孩子没有那么大的弹性。刚开始的时候，根据孩子的阶段和问题，有针对性地选择几样，一样一样地教孩子去做。教会了一样，再教另外一样，循序渐进一样一样地来。

其次，家长不能操之过急。就算教孩子小便，也都需要一段的时间和过程。看时间孩子该小便了，就要引导他去卫生间。不能由着孩子玩得高兴，就什么都顾不上了，再高兴也要先停下来。然后看他做的是不是正确，站的有没有入位，如果不对也要帮他调整。小便完后洗过了手，才能接着再去玩。这样一阵子以后，才可以放心让他自己去做。

在习惯的培养方面，除了教子女做，还要注意陪子女做。比如陪孩子看书时，妈妈自己先坐好，同时告诉孩子姿势要端正，光线要合适。图画书的书角翘了，妈妈先告诉他东西本来就会坏，然后告诉他怎么压平，这也是一种学习。玩具玩过不可以一丢就不管了，也不能孩子睡了父母自己去收拾，要陪同子女一起收拾。从小养成物有定位、保持整洁等习惯，长大以后，无论穿衣、饮食、居住，都能够注意保持整洁，不但有益于子女的身心健康，而且能够受到别人的欢迎，增进人际关系，对事业的发展有很大的帮助。

第二，多给孩子清楚正面的教导。

成年人讲话可以含含糊糊，那是照顾对方的面子。但是教导幼儿阶段的孩子，一定要讲得清清楚楚。“这个椅子是给你坐的，站在上面很容易摔跤”，这样的话要提前跟孩子讲清楚。等他站上去以后，摔了下来才讲，那算什么父母？

父母跟孩子讲话，要从正面来引导，少用负面的描述。也就是要告诉孩子该怎么做，而不是告诉他不能怎么做。很多事情父母不讲，孩子还不知道；听父母讲了，他就会想去试试看。有一个留学英国的年轻人，每次去超市都看到卖的灯泡包装上写着“请勿吞咽”的字样。开始他心里觉得好笑：这个也要写，谁会这么做呢？可是有一天他终于忍不住了，真的买了一个拿回家要自己试试看。结果可想而知，忙找来出租车去医院找医生帮忙解决。医生费了半天劲，刚把最后残留在嘴里的碎片夹出来，只见又进来一位口含灯泡的人，正是刚刚送年轻人来医院的那位出租车司机。成年人都会这样，对待孩子，家长更要注意，因为负面的描述很容易变成一种暗示。

这个阶段的孩子是稚弱的，需要适当的照顾；孩子是无知的，需要及时的教导；孩子的智慧是闭塞的，需要妥善的启发；孩子的意识是混乱的，需要适度的培养和辅导。父母还要格外注意子女的健康状况，有不舒服的地方，要鼓励孩子说出来。如果生病，一定要找合格的医生，千万不要自己胡乱处置，慎防延迟就医，造成不良的后遗症。

第三，事先教导重于事后责备。

三岁以前的孩子最伤脑筋：虽然个子矮，看不到桌上有什么东西，但会伸手去摸；看到垂下来的桌布，也想动手去拽。常常不是被烫到，便是被砸着，然后哇哇大哭。面对此类的问题，父母需做好事先防范，提醒孩子不要接近危险的地方。如果不可避免，也要教导孩子正确的做法，让他逐渐了解和接受，而不是等出现问题了再去责备他。

如果子女犯错，父母最好回想一下，自己小时候是不是也常常如此，再想想幼稚和成熟的区别，然后做出反应。比如孩子不小心打破一只昂贵的花瓶，妈妈应该怎么办？

妈妈当场指责孩子，难免脸色难看，语气也不会好。孩子情绪紧张，不是强词夺理，便是死不认错。而且孩子不会知道花瓶有多贵重，只会觉得自己在妈妈眼中，还不如区区一个摆设重要。

妈妈说一句“没有关系”，然后自己就去收拾，那孩子就会认为以后可以随便打破东西，反正没有任何的惩戒措施。

妈妈什么都不管，让孩子自己收拾，那还要妈妈干什么？如果孩子不小心再把手割破，岂不是雪上加霜，这样的妈妈未免太过冷酷。

说到这里我们知道该怎么做了吗？聪明的妈妈会告诉孩子：“你先不要动，因为碎片很容易伤到你的手，先让妈妈来处理。”妈妈把碎片扫走以后，再给孩子一块抹布，同时告诉他：“你去把刚才的地方擦干净。”妈妈要透过这个过程让孩子明白：花瓶是你打破的，你自己要负责。有危险的部分妈妈替你做，没有危险的部分你乖乖地自己做。孩子做得不认真，一遍没擦干净，再擦第二遍。

单单这样还是不够，父母还应该教导子女养成反省的习惯。我们建议一家人每天固定出二十分钟左右，作为父母子女共同反省的时间。以便把每天所接触到的种种事物加以归纳、剖析，告诉孩子到底错在何处，如何避免，并且进一步类推寻找今后更为妥善的处理方法。刚开始的时候，父母可以拿一些共同的活动来进行分析、比较和检讨，使子女在对谈中学习分析、思考和表达，逐步养成子女反省的能力和习惯，并且教导子女有过必改，而不是害怕犯错或者一错再错。

比如到了晚上八点钟，一家人坐在一起，由爸爸开始说：“今天早上出门的时候太急促，所以你跟我讲什么，我都没有注意听，这个很抱歉。”孩子就明白了：既然爸爸都能做错事情，我怎么不能呢？他就开始讲：“今天是我不对，因为我看你那么匆忙，还跟你讲一大堆话，以后我也要改进。”一家人和和气气地把所有缺点都检讨出来了。如果每天进行不方便，也可以每个礼拜或者十天一次，无论如何这种方式要坚持。

所以孩子打碎花瓶以后，妈妈当时不必多讲，但事后要利用家庭反省的时间告诉孩子：你现在知道花瓶是会破的，破了可能割伤你的手，但幸好今天没有割到。妈妈让你去擦干净的时候，你心里有什么样的想法？孩子不会讲也没关系，妈妈可以替他总结，帮他从这当中学习经验，这样孩子才会有成长，这才是正常的教育。

这种自省的习惯并不是天生的，而是后天学习的。可惜一般父母，只知道教导子女记忆某些事情，比如识字或者认识某些东西，却很少做深一层的启发，以引导子女从单纯的记忆提升到对事物的分辨、整理和分析的层面。

入园阶段教养重点

子女在三岁以后，一般就要进入幼儿园。三到六岁幼儿的发展和变化十分显著，是成长的基础阶段，这个时期的环境和教育将影响人一生，所以才会说“三岁看大，六岁看老”。良好的开端，是成功的一半，父母这个时期最好谨慎小心，以培养孩子优美的人格和健全的体魄为主，做好“先入为主”的教养工作。哲学家罗素说：“我六岁的时候，一切习惯及人格都已经确定。”我们的孩子不一定是哲学家，但是他们的基础却必须及早奠定，而且越稳固越好。

第一，帮助子女适应幼儿园生活。

父母除了用心选择合适的幼儿园，同时要做好入园所需的生活习惯和语言练习的准备工作。最基本的包括断奶、走路和语言，以便孩子在行动上得以独立，扩大与外界环境互动交流的空间。如果子女三岁以前在家里没有做好准备，饮食、排便、睡眠、穿脱衣服等基本生活习惯尚未达到要求，就贸然送入幼儿园，子女很难适应幼儿园的社会化转变。

我们必须要说明，子女虽然进入了幼儿园，但是在尚未步入小学之前，教育的主要责任仍然在父母身上，不能认为子女进了幼儿园，自己就万事大吉了。幼儿园只是家庭教育的补充和配合，补足家庭教育的部分功能，配合父母更好地施教于子女。因为游戏是幼儿的第二生命，而幼儿园则给子女提供了一个玩伴更多、内容更丰富、选择更多样的游戏场所。子女在幼儿园中，通过与同伴的共同游戏，更加容易学习，更加趋于社会化。如果子女上了幼儿园之后，回家看到爸爸、妈妈会主动打招呼，这样的幼儿园一定受欢迎。

子女在幼儿园中与同伴的来往机会突然增多，父母要借此教会孩子如何与人相处。在幼儿园里，孩子有时很听话，表现得与人合作；有时又很顽皮，表现得与人对抗。父母要明白：孩子不管合作还是对抗，都是在学习，因为二者都是生存所必需的方式。有的父母认为只有处处合作的才是乖孩子，如果孩子从小到大始终不懂得对抗，将来踏上社会如何生存？产生对抗是孩子自我意识发展的一种过程，也就是通过反抗和拒绝的行为，来表明自己和别人之间不同意志的冲突，跟乖不乖没有关系。父母不能要求子女对所有人都完全合作，完全合作的孩子缺乏自我主张；也不能任由子女完全对抗，完全对抗在幼儿园里连一个好朋友也找不到。所以两个小伙伴之间，有时候会打架，有时候手拉手，有时候嘻嘻哈哈，有时候怒目相向，这一切都很正常。

至于大人应该怎么做，很简单，就是当孩子合作的时候，赶快多教他一点；当他开始抗拒的时候，就少教一点。孩子反抗的时候，父母知道他是在学习反抗，这时退让一点又有什么关系呢？这样孩子慢慢长大后也会知道，人家对抗他的时候，他就退让一点；人家合作的时候，他就稍微进一点。这会让子女一辈子都受益，将来遇到各种状况都能适应。父母要顺着子女的生活进程，慢慢培养他为人处事的方式和方法。成人会发脾气，为什么孩子就不能发脾气呢？只不过孩子跟大人的表现形式不一样而已。大人有时都会控制不了自己的情绪，更何况小孩子呢？如果认为孩子不管什么时候都要听话，那应该挨打的是父母。

同时子女也在借着男女身体上的差异，对性的区别产生了兴趣。父母不能以成人的尺度衡量孩子这种懵懂的想法，以免孩子受到压抑而引发不安，甚至为了害怕受罚而产生罪恶感。

第二，协助子女顺利跨越“四岁半墙”。

幼儿四岁以后，逐渐开始对支配自己的身体充满信心。到了四岁半的时候，这对于孩子来说是智力、体能、知觉发展十分重要的一个关卡，儿童教育专家把它叫做 “四岁半墙”。这一阶段的孩子通常很活跃，越来越能跑善跳，灵巧地做出各种动作，以证明自己可以充分控制自己的手脚和身体。父母要明白子女这个阶段的特点，在保证安全的前提下，给予他足够的自由和空间。偶尔摔倒了又怎么样？摔倒也是一种学习。

大多数孩子，在个人强烈的成长意愿驱使下，都能顺利地跨越四岁半墙。跨越之后的孩子，表现出旺盛的冒险精神，开始向各种运动玩具挑战，荡秋千、滑板车、跳绳、钻洞，由单一活动扩展为整体协调的身体平衡动作。这种协调动作同样表现在绘画和手工中：孩子胸有成竹地画出很多东西，也能够制作有模有样的手工作品。

面对子女的这些进步，父母要适时地做出鼓励。对于幼童阶段的孩子，父母语言的鼓励，只不过是他们的一阵耳边风，听过就不见了。所以在这个阶段，父母可以考虑多用物质奖励，把正常所需品变成奖励的内容，比如给他新的玩具，或者买新衣服，这样一举两得。不要用冰淇淋、饮料或者甜食来奖励，以免造成不爱吃饭的坏习惯。

四五岁的孩子通常只知道钱可以买东西，但对钱的实质意义并不明白，也缺乏使用的能力。所以在子女六岁以前，最好不要用钱作为奖励。不过此时可以开始给孩子一些零用钱，培养孩子一些用钱的态度。比如给孩子点钱，陪他到面包店，让他尝试着自己购买，当场进行机会教育。顺便说一下，上学以后多观察、多了解孩子在零用钱方面的需求，以及学校的供应状况，再决定零用钱的数量，应该比较妥当。在小学低年级时，每两天或每星期给一次零花钱，以免丢掉或一次用完，养成不良的习惯；中、高年级时，再逐渐把时间拉长，增加零用钱的金额，并且利用机会和孩子讨论使用零花钱的方式和内容，以培养正确的金钱观念。

第三，子女越来越像个“小大人”了。

五岁的时候，孩子明显地聪明起来，变成一副 “小大人”的样子。在日常生活中 ，几乎已经不需要大人的照顾。慢慢开始认字，追着父母问“这是什么字”，遇到会念的字，也会大声念出来。还时常会说出一些并不常用或者父母并没有教过的词汇。对包括日历、钟表在内的数字，也发生了浓厚的兴趣，对自然知识的理解也表现出惊人的进步。但是这些都不是最重要的，不断深化、丰富跟日常生活有关的东西，仍然是父母继续坚持的重点。

大部分孩子五六岁左右，都会热心做家务。不过他们没有家务的概念，只是把做家务当做游戏，做起来很快乐，也很乐意去做。父母应该因势利导，考虑孩子的能力，辅导他们做一些必要的家务。通过从小让孩子分担家事的方式，强化子女勤劳的习惯。重要的是要让孩子喜欢做，保持兴趣，而非为了空洞的难以体会的责任感而做。

上面刚刚说过，对于子女的进步，父母可以给予适当的物质奖励。但是在分担家务方面，却十分不宜像西方家庭那样“按劳付酬”——父亲要儿子帮忙擦车，开价五美元；女儿帮妈妈洗碗，索要三英镑。有的家长认为这样很现代化，或者能够培养子女的经济头脑，在这方面竟也急起直追，恨不能迎头赶上。可是哪一天父母生病了，让孩子帮忙做点事情，他按照市场经济办事，说今天只想休班，不想赚钱了，父母又当如何呢？现在很多人有这样错误的观念，认为可以用金钱来激励子女，却不知道这是在用金钱玷污子女的心灵。因为子女既然是家庭里一分子，就应该分担家事，一家人的亲情永远不是金钱所能够计算的。

父母此阶段还有一项重要任务，便是帮助子女初步认识即将开始的学校生活。有些妈妈的确很了不起，有意或无意经过学校时，她会告诉孩子：“这个就是你以后的学校，再过一年你就要来这里上小学了。”子女听了，会在心里告诉自己：我再有一年就要上小学了，原来就是这个样子的。学校的规定，也应该在家里就一点一滴地教会。比如妈妈告诉孩子："进了小学就跟以前不一样了，上课要准时，不能迟到。迟到的话，全班同学都看你一个人进去，你会不会很难为情?"父母还要告诉孩子上课是有铃声的，甚至最好找机会让他听听看。孩子有了妈妈做的这些心理铺垫，就会明白到时候要转变自己。熟悉规定转变起来就会比较自在，也容易适应即将开始的学校生活。

小学阶段教养重点

子女结束幼儿园阶段的生活之后，步入小学，开始接受正规的基础教育，也就是国民教育。子女此时一只脚踏入儿童期，另外一只脚还没有离开幼儿期。早晨神气十足地挺胸抬头去上学，回到家里则缠着妈妈撒娇。针对子女这种矛盾的心理现象，父母不能嘲笑，也不必担心，但是要帮助孩子做出阶段性的心理调适。

第一，协助子女调整入学后的心理变化。

小学一年级，对子女和父母来说，都是一个新的开始。从自由自在的生活转向有规律的生活，成为孩子最大的生活变化。子女虽然在幼儿园一定程度上经历过规律的生活，但那时对于迟到、缺课的要求都比较宽松。规定执行也并不严格，爱上厕所就上厕所，爱坐在地上就坐在地上。而且在孩子的记忆当中，游戏就是学习，而学习也就是游戏，两者根本分不开，当然也不需要区分。

克服恐惧心理。孩子都有与生俱来的恐惧感，包括惧怕黑暗、惧怕暴风雨、惧怕动物等。父母的责任是当孩子恐惧的时候，不要离开他们的身边，并且帮助孩子克服已有的恐惧。老实讲，孩子初入小学时情绪很复杂，一方面他有一种期待，另一方面心里也有相当的恐惧。除了学校的规模大、一起相处的同学多之外，那些高年级学生和成年的老师也引起孩子很大的紧张。这个时候妈妈需要特别体贴，可以跟孩子讲："没有关系，第一天上课，妈妈会在外面，你有事情随时找我，妈妈会帮你忙。"这样孩子心里就会踏实许多。

父母应该了解，对入学以后的孩子，父母的影响力会越来越小。孩子逐渐从狭小的家庭走向更宽广的世界，同学、老师的影响力反而会越来越强大。所以孩子和同学的相处情形，也要加以观察。总是自己一个人玩的孩子，父母最好反省一下：是不是自己平日怕孩子出去玩受欺负，又怕跟坏孩子一起学坏了，结果造成孩子这样孤独。父母不能强制孩子一定要出去跟大家一起玩，却应该找出根本原因，逐渐加以转化，使孩子更加合群才对。

适应玩学转变。进入小学以后，游戏是游戏，学习是学习，两者开始分化，孩子缺乏这种心理准备，当然很不适应。父母如果不了解这种情况，一下子要孩子变成大人似的，要求他们学习时专心学习，等一下游戏时再来游戏，孩子反而认为妈妈变了，不像以前那么值得信任和依赖，亲爱的妈妈忽然间变得生疏、严格而不近人情，于是"坏妈妈"的念头自然兴起。表面上服从妈妈的指示，改变自己的行动，心里头一百个不高兴，严重时还会怀疑"妈妈是不是不爱我了"，这时教养关系就出现负面的影响。

我们首先建议，不要采取高压的手段来逼迫孩子就范，不要用老师的权威来恐吓孩子，也不要用糖果、金钱来引诱孩子做功课或考出好成绩。这些都是父母常用的方式，对孩子的身心发展都相当有害。一旦有了“坏妈妈”的念头，子女认为妈妈是把他推进学校，就会开始厌学、逃课，上课时调皮捣蛋，下课打架更是很平常的事。妈妈不可操之过急，小学一二年级偶尔几天不去上学，并没有太大关系。父母越强迫他，他反弹的力道越强，效果越是不好。

父母最好和老师保持密切的联系，共同重视孩子的心理辅导。上课时不能专心听课的学生很多，父母首先回想一下孩子在家里是不是这样：刚写一两个字就跑到厨房，打开电冰箱看看有没有什么东西可以吃。如果真的是这样，就要在低年级时特别向老师说明，让老师多加注意加以改变。否则拖到中、高年级，不但同学讨厌，老师也会责骂，久而久之，孩子的性格也会古怪。

懂得尊敬老师。入学以后，父母必须率先尊重老师，使子女养成敬师的习惯。在家要听父母的话，入学要听老师的话，这属于相同的生活法则。子女在家有什么困难，可以请求父母协助，在校同样可以请求老师帮忙。不过父母需要特别嘱咐子女一点：老师要照顾学生的数量，远比父母要照料的子女多，所以如果老师忙不过来或者没有处理好，可以回家后再告诉父母，不要在学校哭闹，惹得人家笑话。

如果子女回到家，告诉父母老师偏心或者无理处罚，父母既不可以站在老师的立场趁机教训孩子，也不应该站在孩子这一边跟老师对抗或数落老师的不是，以免误导子女看不起老师。因为看不起老师的学生，不可能从老师那里学到东西。子女在学校受到委屈，心理上不能平衡，需要的是父母的倾听，让他一吐心中的闷气。孩子逐渐平静下来以后，父母再表示同情，鼓励他想办法改变老师对他的态度。当孩子以实际行动换得老师的好印象时，孩子的自尊心和自信心便随着增强了。父母更加不能带着子女向老师兴师问罪，万一老师怀恨在心，连本带利向孩子讨回公道，岂不是反而害了子女？

第二，启发子女心智仍要依靠父母。

在小学阶段最重要的实在是心智的发展，这种事情完全委托给学校老师是靠不住的。孩子从课本上看到的内容，从课堂上听到的东西，和自己亲身经历的事情，基本上有很大的不同。心智发展最主要的活动并不是看到或听到，应该是“思虑”，而不是“思考”，因为“考”和“虑”的不同，在于“无心”和“有心”。父母告诉孩子这是梅花，那是桃花。孩子如果只是看到和听到，思考怎样记住桃花和梅花，只动脑而不用心，并不亲自分别它们的差异性，充其量只能获得知识，却不能开启心智。唯有用心去想这种为什么会叫桃花，那种为什么会叫梅花，怎么通过叶子、树干和花朵之间的关系，分辨两种花根本的区别，才是有心思虑的表现，对孩子心智的发展具有很大的影响。

父母多留出一些时间和子女共同生活，鼓励子女多提出一些问题，然后一起到图书馆、博物馆、名胜古迹、山上海边、郊外田野，共同合作寻找答案。父母耐心陪同子女，养成了孩子思虑的习惯，就可以逐渐放手。有一天眼看着孩子不必父母督促，不需父母陪伴，自己便自动自发地读书查阅，还与家人分享收获心得，父母一定会十分欣慰：看来这一段的陪伴至关重要，也十分值得。这也正是前面说所的父母由教到陪，再到子女自己做事情的过程。

有个很有趣的现象，凡是对错是非很分明的，差不多都是小学老师。因为小学所教的知识有限，对就是对，错就是错，所以才敢有是非分明的标准答案。而中学老师已经不太敢讲什么标准答案，只敢提供参考答案而已。到大学，老师是没有答案的，反正每个人有每个人不同的答案。我带博士班更简单，学生问我问题，只有一个答案：你说呢？为什么会这样？就是因为懂得越少的人，是非越分明。

当然，我们的意思不是在说小学老师懂得就少，而是指小学阶段的知识内容如此。小学老师面对一群蒙童，凡事需要亲自带头，逐一具体指导学生，当一两个子女的家长都如此不易，教育一群孩子的辛苦可想而知。相信学生长大成人以后，都会由衷感谢老师为他们成长所付出的巨大心血。

只用是非观系教导子女当然简单，但是非分明不是件好事情。如果父母从小教子女是非分明，他一生的发展就很有限，就是令他一辈子不幸福。人的所知很有限、判断力很不足，有什么本事做到是非分明？中国人最讨厌没有是非的人，也最不喜欢是非分明的人。是非不明、是非分明，都是二分法的思维模式。中华民族是世界上很少有的，叫做“是非难明”的民族。中国人的问题往往只有一个答案，就是三个字：很难讲！

家庭中的兄弟两个吵架，西方的父母一定会先问谁对谁错。若是哥哥对、弟弟错，家长只会骂弟弟，不会骂哥哥，因为他们认为没有理由骂哥哥。标准的中国人是站在合的立场来处理事情，兄弟俩一吵架，父母很少去问谁对谁错，两个人一起罚站，就算对也没有用。很多人因此批评中国人这样做不公平，没有是非观念，那是不懂中国人的事情。

我家有三个小孩，两个是男生。兄弟俩一吵架，两个都要罚站。站了五分钟，我会把弟弟叫来，问他：“你今天有没有错？”弟弟一句话都不说，因为他不清楚我是什么意思，怎么敢随便说。弟弟不说，我就要说：“你不要以为爸爸糊涂，今天你没有错，只有哥哥的错，爸爸心里清清楚楚。”他听了我的话，马上说：“是啊，我没有错。”我们的教育是说：爸爸不讲话，我怎么敢讲话；爸爸讲了话，我怎么敢不讲话。这样的孩子将来踏上社会，就会适应得非常好。

我接着问他：“既然你没有错，为什么我会罚你站？”他说：“罚我站比较好。”我说：“你不高兴就说不高兴，拍马屁说好听的话干吗？”他说：“我没有说好听的话，真的是罚我站比较好。”我说：“奇怪了，你没有错，我罚你站反而比较好是什么意思？”他说：“有一次你只罚哥哥没有罚我，结果我被哥哥打得好惨。”我说：“哥哥打你，你就告诉我就好了。”他说：“不告诉你还好，告诉了打得更惨。”我说：“那要怎么办呢？”他说：“就像现在这样，不管我有没有错，一起罚站就没事了。”我说：“你自己能懂得这个就好，我不是糊涂，而是保护你。”弟弟没有错，我却罚他站，其实是保护弟弟免得再挨哥哥打。若是只罚哥哥，哥哥觉得没有面子，回头一定找机会拿弟弟出气。我对孩子是这样教的，这才是中国的教育。

我再把哥哥叫过来，问他：“今天就你一个人的错，弟弟一点都没有错，你不要以为我搞不清楚。我倒是比较关心，你知不知道为什么弟弟没有错我会罚他站？”他说：“你是给我面子。”我说：“不对。”他又想了想，说：“你要我以后更加爱护弟弟。”我说：“你明白就好。我会比你早走，我死了以后弟弟要靠你照顾，不然他陪着你站干吗？”他说：“我记住了。”中国人算得很长远，想得很周到。

兄弟之间一定要同心协力，只要吵架就是两个人都不对，这才是大是非。其余很多事情，都是小是非，谁对谁错一阵子就过去了。既然是兄弟就不能吵架，所以不管是谁错统统罚站，就是为了一个合字。父母不是法官，满脑子的对错对错，最后就会分崩离析。有时候我们认为没有是、没有非的人，才是真正有是非的人。这才是中国的道理。

所以父母不妨趁早告诉子女：事情本来就是非难明，人生也天生就有烦恼，但是烦恼再多，原因却只有一个，就是对每件事情都仅凭一时的感情来做决定性的判断。如果感情不轻易冲动，并且努力设法让自己冷静下来，用心思虑，收到事缓则圆的良好效果，各种烦恼自然一扫而光。父母对子女这样教，自己也要这样做。只有做好自己的情绪管理，用理智来指导感情，指导自己的教养行为，才能成为子女的榜样，与子女共同成长。

第三，着力培养子女一生爱读书的兴趣。

人需要多方面的兴趣，如果要在所有的当中找出最重要的一个，便是读书。在中国人心中有两个人最了不起：一位是文圣孔子，一位是武圣关公。他们活着时并没有建大功、立伟业，历史上那么多雄才大略的人，我们为什么偏偏推崇他们？原因其实很简单：孔子毕生的勤奋不已告诉所有的中国人要好读书，而关公一世的所作所为告诉所有的中国人要讲忠。人生最要紧的，品德方面讲忠讲义，兴趣方面读书好学，如此而已。

【坤道感悟】

人生最要紧的，品德方面讲忠讲义，兴趣方面读书好学。

读书的兴趣让人一辈子受用不尽，而且从小到老时时都很重要。那么“万般皆下品，唯有读书高”这句话对不对？先决条件是看读书的动机是什么。如果只为了升官发财、功名利禄而读书，当然很多人会不赞同。倘若为了求知，为了上进，为了了解宇宙人生的道理，相信不会有人反对。

读书不是死记知识，更不只是为了考试、升学，真正目的是要明白做人做事的道理。书本知识有两种：一种合乎道理，不但可知而且可行；一种不合乎道理，根本就行不通。读书好学，要看看所读的合不合乎中国人的道理，合乎道理的才可拿来学。有人读书越多越不明理，就是有了知识而把道理丢开，或者学了些行不通的道理。所以读书不能明理不如不读，而且“尽信书不如无书”。

父母想要子女读书明理，最要紧的就是从小培养孩子读书的兴趣。父母在子女就学之前，就常读书给他们听，以培养其兴趣。儿童富于想象力，感受力也很强，因此所读的书范围要广泛，种类要繁多，常常有变化，使孩子提高兴趣。而提高兴趣更好的办法，则莫过于以身作则。想想看，父母看电视看得津津有味，却要求子女用功读书、好好做作业，孩子心里怎么想？会服气吗？会专心吗？上学以后，孩子自己能够阅读，父母在旁边也一卷在握，乐在其中，碰到有趣的文字或者新鲜的报道，可以和子女分享。子女耳濡目染，自然更有乐趣。准备一些儿童书刊，鼓励子女有心得时写出来。绝对不要认为孩子有吃有穿有用，父母就已经尽了责任，读书求学则是老师的事情，与父母无关。就算父母自己以前读书不多，照样可以陪伴孩子读书，自己也趁机学一些，岂不更好？

现代家庭，父母大多十分关心子女的教育问题，而忽视了从小培养子女读书的习惯，把读书看成现实问题，把读书当做谋取职业、应付考试的手段，结果养成子女应付一时，却无法扎根落实的读书习惯，害了子女一生。比如孩子从学校回来，问问当天的情形，原本是人之常情。但如果孩子由于疲劳而不想说话时，就要让孩子休息一下，才是良好的亲子关系。父母穷追猛问孩子的学业成绩，会产生偏差的观念，认为读书是为了考试。过分重视成绩，很可能断送了孩子的读书兴趣。相反，如果父母能够在子女幼小的时候，让子女养成良好的读书习惯，形成书香家庭，对于子女的教养，当然有很大的帮助。

当然，父母也不能高唱读书无用论，说什么“百无一用是书生”，“书读得好又赚不到钱，还不如商人富有”这一类的话。不但父母不能说，听到子女说这种话的时候，还要加以说明：读书是为了明白道理，金钱虽然重要，但是智慧、品德、健康、合群这些生活和做人的品质，实在比赚钱更要紧。

初中阶段教养重点

十三岁到十五岁这个阶段，孩子进入到人生的青春期，通常女孩子会比男孩子提前一点。青春期是人生变化最大的时期，无论在生理上还是心理上，都产生了很大的变化。心理学家把它称为人生的暴风雨时期，并未为过。这个阶段孩子精力旺盛，非常容易冲动，反叛性特别强，而且对异性开始产生兴趣。父母在这个阶段最好格外小心，让子女平安度过。

第一，处理好自立和依赖之下的心理矛盾。

孩子进入中学，最希望的事情便是自己拥有一个房间，证明自己是一个独立的大人。然而，初中学生毕竟不是一个独立的大人，仍然需要父母的保护和指导，这一点子女心里也十分明白。孩子既不希望父母样样都管，也不能接受父母什么都不管，在这种心理矛盾之下，导致不断地反抗父母，时常和父母吵嘴。而且在争取独立期间，对父母的所作所为不免戴着有色眼镜，更以一种新的眼光来重新评估父母的言行和价值观。认为父母言行古板，思想不够新潮，跟不上时代潮流。尤其是把自己的父母和朋友的父母相比，总觉得朋友的父母比较开明，因而备感委屈。这些在表面上看起来，简直是对父母的大不敬，实则不过是孩子争取独立的一种手段。

子女在生理上进入青春期，心理上则进入叛逆期。其实在这个时期，不光子女存在着自立和依赖的心理冲突。父母一方面希望子女自立，不要样样依赖别人；一方面却又处处干涉子女的行为，好像样样都看不顺眼。家长这种矛盾的态度，使得子女不知何去何从，徒然增加内心的冲突，也令双方关系变得更加难以解决。

孩子和父母顶嘴，说起来既不是什么大事，也不是什么坏事。孩子通过反抗，只是表现自己的存在，希望父母尊重他的人格。孩子完全不顶嘴，长大以后，必定缺乏奋斗创造的精神。对孩子来说，吵嘴的背后隐藏着许多家人骨肉的温暖，每一次吵嘴，都长大了许多。父母是最好的吵嘴对手，为什么一定要全面禁止呢?

父母了解这些以后，针对孩子一些“血气方刚”的表现，就会把它当做成长过程中的一部分，以冷静理智的态度来面对。应该斥责的时候加以斥责，应该批评或提出意见时，也要以父母的身份给予批评或意见。我们理智处理的方式，并不是放弃父母的身份，而是采取辅导的方式从旁加以指点，尽量不要直接地指示和纠正。孩子受到相当的尊重，就会更加尊重父母，对于父母的辅导反而更加容易接受。有时以说笑、幽默的轻松方式，更为容易化解紧张的场面，若是一味以严厉的态度来对待，很可能引起孩子的反感。

人在情绪不稳定的时候很难沟通，而稳定的时候则容易得多。父母千万不要意气用事，以至高无上的权威面孔采取高压手段，否则引起孩子激烈的反抗，闹出令人后悔的事情，实在是不智之举。所以最好的做法是扮演教练的角色，助他一臂之力，使其顺利度过这一段狂风暴雨期。顺利度过暴风雨期的子女，对父母不再盲目服从，也不一味反抗，而是呈现一种互敬互爱、互相信赖的坦诚关系。子女会征求父母的意见，但是不一定完全接受。父母的价值观子女会坚持，不过表现的方式却与父母不一样。

第二，父母最好多多了解子女的交友情形。

人一出生就是群体中的一员，在群居生活中通过各式各样的活动，逐渐获得个人成长。无论是父母和家人、老师和同学、邻里和朋友，都对孩子的人格形成产生十分深刻的影响。随着年龄的增长，青春期的子女对同龄的朋友充满了热情和期待，开始步入自己的友谊时代。孩子认为好像有了知心朋友，就使自己突然变成大人那样，在精神上和思想上都可以互相交流了。

“近朱者赤，近墨者黑”，朋友对青春期的孩子影响十分重大，父母最好密切注意子女所结交的朋友，多多了解子女的交友情形。不论工作如何忙碌，都要抽出一些时间和孩子天南地北地聊聊，使孩子感到父母十分关心自己。也借此机会多了解孩子的状况，发觉深藏在孩子内心深处的种种问题。尤其要重视身处初中二年级的孩子，这个阶段如果交上坏朋友，父母又不加注意，特别容易跟着同流合污。“冰冻三尺，非一日之寒”，及早发现问题，以便趁早设法化解。不可以听任其自由发展，以免酿成大祸。有了这样的基础，父母要放开手脚让孩子走到朋友的圈子里去，在与朋友的交往中丰富自己的思想，是使孩子快速成长的动力。

在子女交友方面，父母不应该消极防范，而要积极引导。父母从旁安排品学兼优的朋友，有朋友彼此互相劝勉，发挥益友的功能，当然有助于孩子的正常成长。除了明了孩子的朋友，最好连对方的家长也认识，那就更加安全了。比如父母一些朋友的孩子，应该跟自己的孩子年龄相仿，几个家庭彼此都很了解，有事情又可以双向联系，孩子在一起交往当然会很放心。父母也要告诉子女，每个人都需要各式各样的朋友，并不是兴趣完全相同才可以做朋友，有时候也要结交一些个性不一样的小伙伴，这样子女的性格才会全面。

第三，适时适当地对子女进行性方面的教育。

对于青春期的子女，异性意识也是重要的课题。小学一年级到三年级的孩子，对异性的关心和好感并未形成，反而是一种不同类的感觉。四五年级开始，对异性不知不觉地关心起来，对漂亮的女孩和擅长体育活动的男孩开始产生爱慕的感情，不过目标不固定，而且也不持久。但是进入青春期以后，对自己所关心的和具有好感的对象或多或少有一些固定的感觉，逐渐产生弄清楚对方的心性、吸引对方多关心自己以及常常想和对方接近的念头，好像真的是意中人似的。

父母在孩子的异性问题和男女关系方面，大多不会认真地加以关心；孩子也出于怕惹麻烦、免受指责或者难以启齿等原因，不和父母谈论这方面的问题。于是，和朋友商量便成为孩子唯一的途径。由于道听途说，加上以讹传讹，产生很多偏差，也造成很多不幸。近年来矫枉过正地大力鼓吹性教育，好像要教导中小学生如何性交、怎样避孕，把大人的不正常性泛滥提前到孩子身上，岂不是更加可怕?

家庭的性教育，主要是在日常生活中使子女明白爱情的态度、男女的分工以及爱护生命的观念。父母要以身作则，做子女的好榜样。同时，孩子所提出的问题，父母不必有问必答，俨然以性教育者自居，反而提供不良的示范。对于此阶段的孩子，不必进行过多性教育，告诉他一些性的常识就好。比如对子女说："性是每个人天生和必然的事情，没有什么神秘，也不必太过好奇。有些事情慢慢随着年龄长大就会懂得，到时候我们再来商量研究，不需要现在就搞得很清楚，一知半解反而不好。"父母用一种看得起子女的亲切方式，告诉孩子一些关系他自身的事情，让子女感觉到父母的慈爱、家庭的温暖，才是此时正当的性教育。

高中阶段教养重点

子女安全度过人生的暴风雨期，进入高中情绪逐渐趋于稳定，心性更加成熟，值得全家人感到高兴。这个阶段父母的教养重点，应该是引导孩子独立思考的态度，培养自律自治的精神，增强子女适应环境的能力。同时，子女要不要考大学，上什么样的大学，也是父母和子女要共同考虑的重要问题。

第一，培养子女的独立精神和自治能力。

孩子进入高中以后，要注意培养其独立的人格以及自治的精神。子女想按自己的意思去做自己的事情，父母不但不应该加以阻挠，反而应该多加鼓励。只要这些事情不妨害身心健康与课程学业，而且在孩子的能力范围之内，都应该放手让孩子自赖，让孩子从实际经验中吸取宝贵的教训，进而陶冶其自主的意志和自治的精神。

子女迟早要自食其力，要自己去做事情，父母不能陪伴一辈子。这就像父母带孩子去郊外放风筝，孩子刚开始放不上去，需要家长的帮助，这时若得不到帮助，就会灰心丧气，说不定从此不再尝试，对放风筝完全失去兴趣。父母最有兴趣的事情，莫过于当孩子放不上去的时候，把风筝拿过来，很快就放上天空。如果这时还紧拉着风筝，不但孩子很失望，认为是家长想玩而不是为了帮助他，而且旁边的人看来也觉得奇怪：这么大的人还跟孩子抢，难道童年的时候没有玩够？所以最好的办法，便是大人把风筝放上天以后，立即交到孩子手中，并告诉他如何控制线的张力，如何将风筝放得更高，这样才会皆大欢喜。

人都喜欢自主，也都喜欢自动，由自动而自律，然后独立自主，原本是人生必经的历程。现在的问题是，当子女自动的时候，父母便加以制止，弄得孩子不敢自动，父母又反过来骂他不自动。父母的想法是孩子一自动就天下大乱，所以不得不斥责、禁止。殊不知孩子因而恐惧自动，对身心发展产生障碍。最好的办法，还是比照上述放风筝的例子，辅助孩子自动，帮助其自律，以促进其自治。有一天自动自发，而且表现合理，那才是长大成人的喜悦！

在学业方面，父母要鼓励子女自动自发地求取知识。父母尽量减少直接和老师联系，以免引起孩子的反感。家中最好每月举行家庭会议，讨论与孩子切身有关的事宜。子女可以自由发表意见，报告在校的状况、师生的趣闻，也可以规划郊游、参观等活动，以及零用钱的使用……如果有争议，父母也不必生气，最好另择机会，耐着性子向子女解释，不能当场发火大声斥责，以免影响以后会议的效果。子女所看的课外读物，父母最好多加了解。现代许多作品对孩子的身心有害无益，甚至有些作品所描写的个别情况简直匪夷所思，很容易造成孩子的偏激或颓废。如果发现不妥必须和子女讨论，使其透彻了解，不致盲目相信。现在网络信息发达，最好能够趁早提醒子女：计算机是工具，而不是玩具，千万不可人为物役。

第二，上大学并非父母子女的唯一选择。

要不要考大学？对我们中国人来说，其实相当简单。考上好大学，想尽办法也要去读；考不上，实在不必补习再补习，死命往大学里面挤。我个人在大学教书的时间相当长，常对学生说：能读书的人，轻轻松松就读得很好；若一定要读得那么辛苦，干脆放弃算了。许多博士、硕士，是一路硬逼出来的，并没有什么成就。

现在教育普及，又提倡终身学习，求学的方式也有很大的变化，求学的机会比以前多得多。父母不必强制要求孩子高中毕业立即要考入大学，若是有困难，或者出于其他理由，以后上大学的机会也多得是，并不是错过这一次便永远进不了大学。父母应该关心的是子女的兴趣和志向，不要把自己的兴趣和志向勉强子女接受，而应该尊重子女的选择，让子女走出自己想走的前途。我们看过很多案例，有些父母一定要孩子照着自己的路去走，结果都是失败的。进不进大学？读什么科系？要不要先工作一段时间，然后才进大学？条条大路通罗马，不一定非怎样不可。

现在还有很多父母，子女高中一毕业，便费尽心思也要把子女送到国外去求学。高中毕业就出国留学，对自己的历史文化尚未有比较深入的了解，就到国外接受异文化的洗礼，很容易被同化，结果将来回国后样样不能适应，等于出去一个便丢掉一个。我们建议先让子女在国内完成大学教育，对自己的文化有深入的认识。等子女年纪较大，情绪也较为成熟后，才尊重子女的意愿，决定要不要赴国外留学。有了比较完整的人生规划，再来考虑出国留学的事宜。

第三，高中阶段子女恋爱百害而无一利。

在高中阶段，借着男女同学的正常交往来彼此了解异性是可以的，但并不需要进一步往来，尤其不应该恋爱，以免耽误学业，影响以后的发展。尤其是未婚怀孕少女的内忧外患，容易造成社会上、保健上、教育上的三大问题：首先，由于怀孕的关系，很可能被迫早婚。据统计，这种不幸的结合引起的离婚居所有离婚原因的第一位。其次，怀孕少女和年纪稍大的孕妇相比，比较容易患血毒症、贫血症，也更容易出现早产、高血压和体重过重的现象，从而造成保健上的问题。第三，怀孕是中学女生辍学的最大原因，年纪轻轻就失学，断送一生的幸福，种下来日无业、失业的恶因。

父母可以举出若干实例，预先防止子女在中学阶段便和异性朋友谈恋爱。不恋爱才能专心求学，成为高中生首要的守则。特别是女儿，做母亲的应该教她懂得恋爱的真正意义，不断提醒她，人生恋爱以一次为最理想。对于有人把当时发生的感情就称为恋爱的观点，必须坚决反对，不能让子女以讹传讹，接受这样的恋爱观。把恋爱当做游戏，结局相当可怕，必须格外警惕。

大学阶段教养重点

孩子已经顺利进入大学，父母不需要像以前那样操心孩子是否考上大学。孩子也可以自由自在地学习，过一个愉快的大学生活。大学是人生最美好的阶段，但对于判断力成熟度欠缺，并对社会缺少认知的孩子来说，也面临各种诱惑和选择。这时候我们建议，找一个合适的机会，在和谐的气氛中，试探一下孩子对未来的期望究竟是什么？大学毕业以后打算做什么？如果孩子想都不想一下，立即回答："打算多赚一些钱，提高生活水平。"不知道父母有什么感想？

第一，对子女父母仍需善尽提示责任。

其实子女过了高中阶段之后，就不必太过于拘束。事实上给予太多的限制，也没有太大的好处。父母所要做的是暗示，不能够直接管束或责骂。子女看起来像成年人，父母却不应该以成年人的观念来看待他们，许多地方要设身处地为子女想一想，以免伤害亲子关系。

父母最好明白提示：从现在开始，父母没有办法天天看到你们，也不能够随时提醒你们应该注意哪些事情。作为子女，必须做出阶段性的调整，遇到重大或者难解决的事情主动向父母提出，父母能够适时给予协助。不必担心会给父母增加麻烦，也不应该为了避免挨骂而有所隐瞒，以免不小心招惹大祸。

父母从子女幼小的时候有没有在“你心中有我，我心中有你”上下工夫，这时候应该是最佳的检验时刻。父母实在不必为子女心中没有父母或者分量不重而伤心愤怒，反而应该更加用心调整自己的态度。旁敲侧击，不正面提出问题，而用试探的方式从子女的响应中寻找真实的症结所在。

子女进入大学以后，父母可以视家庭经济的状况，和子女商量要不要利用课余时间打工以赚取生活费用。大学生通常都会参加一些课外活动。父母可以鼓励子女谈谈这方面的情况，若是子女所说的仅是演唱会、舞会、同乐会等活动，父母要心中有数，这些娱乐性的课外活动，充其量只能放松心情，对文化责任和社会责任的培养并无太多益处，父母必须在社会化方面多加关心。

父母不必勉强子女投入容易赚钱的科系。只要有兴趣，肯努力，真用心，无论攻读什么样的科系，都会有出人头地的表现。父母不必由于自己想做而未做的缺陷，就勉强子女选择自己当年想读而未读的科系；父母也不能因为自己对某些行业存有成见或偏见，便禁止子女从事这些行业。

第二，异性问题父母仍需要谨慎提醒。

在交友方面，尽管大学时代的异性朋友有始有终维持长久的并不多见，但是父母的态度最好是既不赞成也不反对。父母要使子女明白：恋爱没有条件，婚姻却是有条件的。一个人缺乏成家立业的能力，为什么还要这么早结婚？徒然增加自己的苦恼，也连累到整个家庭和社会。既然没有结婚的条件，为什么要这么早就谈恋爱？一但恋爱成熟，非结婚不可，岂不是破坏了自己的人生规划，有什么好处？弄得学业不成，各种准备工作都来不及完成，是不是和自己过不去呢？子女对异性朋友能够慎始才有可能善终，把婚姻大事，当成一家人的事情。在这种心理准备下，亲子关系当然十分和谐而放心。

父母要鼓励子女大学期间多参加社团活动，锻炼自己的人际交往能力，和异性朋友相处最好是多人参与，而不要双人自成一个搭档。如果有意更进一步，最好先和父母商量，听听父母的意见，千万不要陷得很深才向父母求救，弄得大家都心急不安。

第三，帮助子女树立正确的人生观。

到了大学毕业前夕，面临就业的困扰，大学生必须十分痛苦地承认，大学文凭看起来很吸引人，到了真正需要求职时，往往没有多大的效用。现在社会最重视的不一定是学历，有时候更重家庭背景的影响力，有时候则重能力而轻学历，对做人的态度和处世的技巧特别重视。许多青年到了大学毕业，才发现自己的纯真愚昧和可笑。于是，对书本上所传授的为人处世知识产生很大的怀疑。同样，对父母的教诲也跟着减少了信任度，认为父母和老师一样，理想性很高，却未必切合社会的真正需要。

大学毕业前，应该仔细考虑自己将来的出路，依照自己的兴趣和条件，安排好优先级。毕业后依次尝试，看看哪一条路走得通。心理上不妨把自己的计划当做后天的人生规划。而将走得通的路径，看成先天的人生规划。两者做一番比较，研究差异的真正原因，也就是找出为什么这一条路走得通，而其他路径却走不通的原因，对自己进行阶段性调整，必然有很大的帮助。行得通的，研究行得通的缘由；行不通的，也要研究行不通的道理。唯有这样，才能够找出真正的原因，而做出合理的调整。

未来会变化，而且看目前的趋势，可以说越变越快，也越变越离谱。主要的原因即在于人心思变，而且不按常理出牌，还说什么创新是最好的道路。我们不可不变，却绝对不应该乱变，任何改变，都应该限制在百分之二十的范围内，以求变得合理，越变越合乎人性的需求，才是合理应变。

最理想的态度便是持经达变，有原则地应变，而不是没有原则地乱变。大学生读了那么多书，应该从中找出若干不可变的原则作为自己今后安身立命的依据。父母最好明白告诉子女，人生最要紧的事情，是弄清楚今生今世自己到底要做些什么。换句话说，先把自己的人生观和价值观确定下来，也就是掌握未来的方向，然后才寻找如何去做的方法，再逐步加以实施。

想想自己应该做什么，对自己的未来要有远大的目标。至于金钱，事实上是够用最好，太多或太少都是烦恼多多，并不是有钱什么都好，人生的目的在把人做好，把生活过好。我们现在过分重视把生活过好，却又认为物质生活水平的提高便是把生活过好。我们不重视把人做好，却认为把事情做好才是好人。亲子之间，最好在这些方面达成共识，以塑造不一样的独特家风。

我们常说：与其早成功，不如晚成功；与其晚失败，不如早失败。一个人成功得早，并不是幸运。因为很多事情不敢尝试，说不定把自己的真正天分给抹杀掉了。如果不这么早成功，就有机会继续摸索、尝试，说不定能激发出自己的潜能，获得更大的成就。一个人失败得晚，也不是幸运。晚节不保，已经没有时间可以挽回。倘若早些时日失败，还可以吸取教训，东山再起。

父母趁子女年轻，鼓励其多做尝试，以免日后不敢尝试而徒增悔恨。可见年轻多尝试，免得年老徒伤悲，应该是正确的选择。试过才知不合适，总比心中始终存着梦想要来得好。年轻时不去尝试，等到年纪稍长、家累较重时才去尝试，就会造成年资中断，重返原职业也不容易，岂不是增加自己的麻烦，也带给家人很多烦恼与不便?

活到老，学到老，是自古以来便受人重视的大道理，现代的新名词称为“终生学习”。很多人食古不化，看不出两者的关联性；很多人不求甚解，居然说成“终身学习”；更有人自以为是，认为终生学习便是尽量抓住机会学习，以致没有时间实际加以应用。事实上，学习的目的是为了真正能够活用，唯有用得出来，才具有学习的效果。最好是有需要才学习，学到了就实用，发现不足，再深入学习。知道要学些什么，再用心去学。这应该是一种有效的学习方式，值得大家好好去实践。

第十二章　教女之道

——教养女儿懂得矜持

我们说每个子女都是独立的个体，有自己独立的人格，有自己人生的选择。上天作为媒介，把这样的子女托付给这样的父母，是要父母好好把子女教养成有用的人，把子女培养成为异于禽兽的万物之灵。既然生为自己的子女，就好好地教导他，好好地塑造他。把子女引上正道，好好做人，好好做事。也许他将来不一定要报答父母的恩惠，却一定要有益社会人群。父母只能尽自己的本分，尽自己的责任，至于最后结果怎么样，没有人控制得了，这才是合理的观念。父母维持家庭的和谐，照顾子女的成长，通过做子女的榜样，教会他基本的道理，奠定子女一生良好的基础，这才是好父母。

教养的关键在妈妈

父母的教养对于子女的成长至关重要，那么其中关键在于爸爸还是妈妈？答案是差不多都在妈妈身上。中国人骂人的时候，常常把人家的妈妈也连带着一起骂进去，说出“他妈的”之类的话。因此有人说中国人讲话不文明，骂人太难听。“他妈的”其实是在责怪妈妈对子女教养得不够好，以至于子女产生差强人意的表现。如此想来这也没有什么不文雅，只是我们后来动歪脑筋，想到别的地方去了。当然，我们不是鼓励大家开口闭口这样骂人，不过是说明它背后的用意而已。

中国人向来最重视母教，我们一直都讲“孟母三迁”的典故，提起“精忠报国”就想到岳母刺字的故事，却从来不曾说过他们的爸爸如何如何。小孩子几天看不着爸爸无所谓，可是一会儿见不到妈妈就哭哭啼啼。正因为母亲付出得更多，所以在子女的心目当中远比父亲更加重要。成功的男人背后少不了有一个出色的女人，不是妈妈就是妻子。这些已经足够说明问题。

美国一家网站曾经发布过一份研究报告，他们将母亲在家中的心力投入和劳作时间，参照社会通行的薪酬标准，经过一番所谓的精确分析，折算出来一个还算可观的报酬数字。许多主妇高兴地说：“终于有人把我们的辛苦付出换算为实质的金额，让全职母亲的辛劳获得实际的肯定。”母亲具有这样的念头，其所作所为及所包含的爱心，可以说完全被抹煞了。

子女长大以后，发觉母亲有这样的想法，顶多以物质来回报，也就是孝而不敬，最终还是母亲自己要承受这种恶果。幸好有更多的母亲认为自己为子女付出的心血是不能用金钱来衡量的。这种母爱无价的观念，同样会引起子女母恩难报的响应。孩子的心和怀念，也永远不是金钱所能够衡量的。

无论如何，在教养子女方面，母亲所付出的时间和精力远比父亲要多。同样，在子女的心目中，母亲的伟大也远远超过父亲。因此可以说教养子女是母亲的最高天赋，母亲对子女的影响也是父亲不能比拟的。

男女最好分别教养

教育子女的原则当中，有一些是儿子、女儿都适用的，比如父母在子女幼小时，最好提醒他们，将来不能依赖父母，必须自食其力，用自己的力量维持自己的生活；要从小教他们自重自爱，培养良好的品德和生活习惯……但是也有个别的，男的、女的、大的、小的都不一样，这就需要不同的教养方式。

第一，男女因材施教更加合理。

我们要了解，应该从幼儿园开始，男生有男生的教科书，女生有女生的教科书，这样才叫机会平等。否则的话，会读书的女性慢慢就男性化了，因为我们今天的教科书是以男性为导向的，这对人类的发展来说不是很好的现象。一般来讲女生对数学多半没有太大兴趣，你要她学很高深的数学，也没有什么用。而男生他就比较有兴趣，你就应该要求他多一点，这样才叫公平。我们的目标就是一个女生要慢慢把她培养成很优美的女性，而不是和男生一样的标准，因为将来他们所承担的责任和扮演的社会角色不一样。基本上男女同校，使用相同的教科书，采取相同的教育方式，并不是很理想，因为同样的教科书，适应男生就不能适应女生。学校不分男生、女生，共同教授的方式，基本上违背了乾坤的自然法则，十分不合理。所以男女同校利少弊多，当然同校跟分校各有利弊，这是事实，因为世界上没有十全十美的东西。但是男女同校这种现实目前很难改变，所以更需要家庭教育做适当的调整，视子女性别真正地因材施教。

学校的老师是不分男女学生的，因为老实讲，老师是忙不过来，他们要照顾那么多人，再分男生女生会更加辛苦的。所以父母一定要把小孩教养成男的就是男的，女的就是女的，不同就是不同。其实要把一个人完全变成男的很难，完全变成女的也很难。因为男性的体内也具有一些女性的荷尔蒙，而女性体内也同样有一些男性的荷尔蒙。如果男的完全是男的，女的完全是女的，那人类就会分裂变成两种人类：一种叫男性人类，一种叫女性人类。现实生活中，女儿多半像爸爸，儿子多半像妈妈，就是老天这样安排交叉的。我们说阴中有阳、阳中有阴，才是常道。但是既然是男的，还是要尽量把他教成有男性气概，女的把她教成有女性的修养，这样就好了。

今天还有一种观念，叫做 “中性”。什么是中性？说白了就是男不男、女不女。这是很特殊的一种情况，没有什么值得鼓励的地方。而且中性人最惨，男人看他不是男的，女人看他也不是女的，结果两面都不是人。但是现在电视上，打扮的男不男、女不女，鼓吹自己是中性人的大有人在，更可怕的是还有很多年轻人在极力追捧。

在这种情况之下，我们要更深入一点去想问题，是不是从孩子小的时候我们就做错了。一个小男生长期跟妈妈在一起，跟祖母、外婆在一起，然后到了学校，老师大部分也都是女性，耳闻目染之下，他就很容易女性化，讲话娘娘腔，走路也没有男人气概。所以父母要给自己的孩子一个完整的家庭，而且要针对男孩女孩各自的特点给予不同的教养，这不是重男轻女，也不是重女轻男，而是为了适应他们将来各自的需求。

第二，男女社会分工和责任的差异需要不同的教养方式。

父母应该时时提醒子女，男女同权不同质。男孩子最重要的是责任感，因为将来要成为一家之长，更应该把成家立业当做人生的大事来看待。有勇气把一家人的生活担子挑起来，也要有相当的能力才能够顺利而愉快地承担。男性最重要的是责任感。把养家糊口、一家人的生活责任挑起来，具有强烈责任感的男人，多少带有一些傲气，这才是正常的表现。傲气并不是骄傲，而是争气的象征。很神气，一点也不骄傲，才叫做傲气。由于责任使然，他们至少不会到处搞婚外情，因此也更加安全。

女性最重要的是贤惠。心地清白、爱好整洁、大智若愚、有些害羞而且富于幽默，有这样美好的条件，怎么能不自尊自爱呢？这样将来结婚之后，丈夫也能够放心在外努力奋斗，而没有后顾之忧。女孩子也不能存心依赖丈夫，以免遭遇任何意外时，自己照顾不了自己。养育子女，固然是女性的最高天职，而养活自己，也是现代女性必须具备的能力。

【坤道感悟】

把男儿培养成有男子气概，把女儿培养成很有气质，这才叫家庭教育。

男女各自发挥所长，互相补足，这才是

家庭。把男儿培养成有男子气概，把女儿培养成很有气质，这才叫家庭教育。养儿子不教，害死自己全家；养女儿不教，害死别人全家。换句话说，父母要使女儿成长为优秀的母亲，儿子要成长为优秀的父亲，这才是难能可贵的。

教女更需格外用心

女儿就是未来的太太和妈妈，所以母亲一定要特别用心、特别严厉地教导她。只有我们的母亲一代比一代强，我们的家庭一代比一代更有希望，我们的国家才会逐渐地向前发展。如果坤道不振的话，我们的前途就非常令人担忧，这种连带关系大家一想就通。

第一，细心留意女儿的生理变化，让其学会自尊自爱。

有很多事情爸爸是不方便教的，比如女儿来了月经，爸爸怎么教？像这些事情，做爸爸的是非常不方便去跟女儿讲的，妈妈就应该好好地去教导她。女儿初次来月经时，不免有一些惊慌和不安。母亲每天和女儿生活在一起，最了解女儿的身体状况。要告诉她这种生理上的变化，是值得高兴和自豪的现象，说明女儿已经具有做母亲的资格，当然值得高兴。并趁机告诉她，女性的使命就是做妻子、做母亲。同时，妈妈要让女儿养成自己洗涤内衣裤的习惯，明了自己的生理功能，是为了创造新的生命。这种功能，一定要保持到结婚那一天，不能够随随便便乱加使用才显得珍贵。利用洗涤内衣裤，来培养女儿对性的自傲和自觉。告诉女儿，性的问题必须自己保护，自己坚持。女性一生除了丈夫一人以外，不应该委身别的男性，这种精神上的、肉体上的纯洁是最为宝贵的贞节。

有教养的女孩子，她的牙齿一定刷得洁白，指甲修得整齐，而且从小养成了良好的整洁习惯。看到一些牙齿发黄或手指甲有污垢的女孩子，即使打扮得再漂亮，衣服穿得再考究，看起来仍是邋遢不堪，甚至给人一种心地卑鄙的感觉。嘴巴和指甲虽然只是人体的一小部分，却最容易表现出女孩子的心理状态。

我们常说：娶媳妇先看她的妈妈。看见母亲，就可以知道女儿将来会变成什么样子，女儿的缺点通常就是母亲的缺点。母亲为了女儿结婚以后减少和丈夫吵架，在任何场合都要格外尊重丈夫，让女儿从小耳濡目染，将来对丈夫也十分尊重，自然家庭更加和谐。如果母亲在女儿面前，毫无顾忌地批评丈夫，什么不守信用、没有时间观念、不会赚钱、没有出息、不像个男人、赌徒、酒鬼的话都骂得出来，女儿就会丧失对父亲的尊敬，对老师、对同学、对朋友也会失去信心，连带着不久以后，对母亲也不尊敬了，这才是自作自受。

第二，从小培养与女儿深厚的感情，随时教导。

母女之间应该无所不谈，这才是好妈妈。我看到我女儿也是这样的，我女儿每天晚上跟她的小女儿在一起，两个人谈得没完没了。我就问她："你们谈什么？"她说："我养成习惯，让我女儿把她每天从头到尾的事情都讲给我听。"我说："你为什么这样做？"她说："这样我就很放心了，因为我对她完全了解。"

从小养成习惯，做女儿的事无大小，原原本本、老老实实都跟妈妈去谈，妈妈就可以随机教她很多很多的事情。这样的话，做妈妈的很放心，做女儿的也可以学到很多很好的东西。如果母亲跟女儿充分地沟通，就会对她产生很深刻的影响，然后母女就会心连心。

如果现在给你选择，当你老了，老伴死了，你是选择跟女儿住还是跟儿子住，甚或干脆去住养老院？我想大部分人会选择跟女儿住。儿子永远不如女儿那么贴心，做寡妇的妈妈多半住在女儿家，而不是住在儿子家。在美国，房子里面只有丈母娘住的地方，而没有公公住的地方。

从小我就跟我外婆住在一起，外婆有儿子，但她就选择跟我妈妈住一起。我当时不懂当中的道理，但是长大后一想：怎么我跟外婆从小就很熟啊？我以前做小孩的时候，日子没有那么好过，外婆一到晚上就叫我过去，我就知道要给她锤腿、按摩。难道还有到外面去叫人按摩的吗？没有那种好事的。然后外婆就做好吃的给我吃，大家好交换交换嘛。

如果一个人从长计议，考虑得长远一点，就会知道深厚的感情只有从小培养。等大了以后各奔东西，各忙各的，就很难做得到了。

第三，培养女儿正确的性爱意识和观念。

现在的妈妈对于孩子的性教育总是躲躲闪闪的，好像跟孩子谈这个是很不好意思的事情。其实，性教育是正大光明的事情，没有什么丢脸的。作为妈妈从小就要让自己的女儿知道，性是人身体的一部分。女孩有月经，就表示你是女性，你有女性荷尔蒙，这是很正常的事情。

其实性的游戏是从小孩就开始的，如果小孩子没有人教他，他就喜欢把衣服脱光，因为他本来就是没有穿衣服来的，你给他穿上他也偶尔脱掉，甚至喜欢脱掉，这都不值得大惊小怪。还有小孩经常玩弄自己的性器官，父母看到之后就叹气，其实这跟他玩手指有什么不同呢？全身的器官名字都可以叫只有这个不能叫，就会越发让小孩子感觉到这个好像很特别。所以小孩对性不了解，或者有误解都是父母不会教造成的，父母首先在这方面要有端正的观念才行。性是天性的，是自然给人的一部分，不要从小让小孩感觉到这个不能讲，这个要偷偷摸摸，那是很糟糕的。所以妈妈从小就告诉自己的女儿，人长大了以后看到不同性别的人，自然会有一些好奇心，这没有什么关系。

当然，鉴于很多妈妈不好意思开口，现在流行一种很好的教育方式，叫做“易子而教”。也就是说你有很多不方便说出口的事情，请你信得过的人来教自己的小孩。这不是很方便吗？

举个例子，人总有一些好朋友，跟好朋友商量一下，说：“我很想教教我的女儿怎么样恋爱、怎么样结婚，但是她看到我总是很难为情，而我作为一个母亲跟她谈这个事情好像也不是很习惯，所以能不能拜托你跟她谈一谈？你可以带她到公园去走一走，然后趁机告诉她该怎么样，要注意哪些事情……”这不是很好的方式吗？可是有一点要注意，你一定要选可靠的人，不要搞来搞去又搞出乱子来，否则只会自添麻烦。

可靠的、正派的，而且能给小孩正确的指示、指点的人，叫做高明人士。高明人士从旁边找机会实施教育，小孩就可以受到未雨绸缪的指导。任何事情最好不要发生错误以后再来补救，因为那时候代价相当高。我们最好在没有发生以前就告诉小孩，你要避免那些事情，将来怎么做会更好。比如说从小就告诉你的女儿，不能跟别人过分亲密，因为我们不是外国人。如果在电视上看到这样的画面就告诉女儿：“你愿意这样吗？你看他们的头发跟我们的不一样，脸孔长得也不一样，这是他们的风俗习惯，不是好坏的问题，你如果在中国这个样子，就是让妈妈没有面子，就是不孝了。”母亲很坦诚地告诉女儿这样的道理，应该是很妥当的。如果你觉得这样讲不方便，那就托一个比较可靠的人，让他帮助你给小孩子上好课，做好准备工作。这都是可以的。

第四，帮助女儿树立正确的恋爱婚姻观。

作为母亲，一定要帮助女儿树立正确的婚姻观念，帮助她找到适合自己的另一半。你要让她懂得，在选择男人的时候，千万不要以身份、地位、经济收入为依据，因为这些随时都是会变的。那要看什么？第一个是要看他有没有责任感。一个有责任感的人是可以信赖的，一个没有责任感的人越有成就，越容易把另外一半轻轻地抛弃掉。有责任感之后，再看看他的胸襟大不大、眼光远不远、理想高不高。一个心胸窄小的人，就算有责任感也负担不起来，一个眼光很短浅的人根本就走不了多远，一个完全没有理想的人只不过是在混日子。测试了他的理想、胸襟和眼光，最后再看看他有没有执行力。完全没有执行力那只不过是口头说说而已，嘴巴讲很多没有一样能做得出来，那是很糟糕的。抓住这三个重点，八九不离十就能了解这个男人到底有多少分量。

从小教导女儿，一个人一生只爱一个人，只结一次婚，那是最幸福的。以前的婚姻不是自己做决定，可以说比较不自由。那个时候勉强去讲三从四德，其实是不太公平的，还使得女性同胞遭受了很大的委屈。但是现在的情况不同了，男女之间认识的机会很多，多数夫妻都是经过自由恋爱的，可以说是自己选择的。一个人经过慎重地选择后，就不要再挑三拣四、吹毛求疵，因为人不可能没有缺点。好不容易选到一个人，天天跟他过不去就是跟自己过不去。在这种情况之下，如果还要随便离婚的话，就表示自己的选择能力不够好。

我常常劝很多女性朋友，如果找不到合适的另外一半，宁可不要结婚，没有必要勉强的。同样，我们也要这样教育自己的女儿。婚姻一定是有条件的。要提醒帮助女儿在陷入爱情的漩涡之前，先理智地慎选恋爱对象，避免爱上不该爱的人，这应该是未雨绸缪的最佳原则。

现在社会，各式各样的诱惑太多。年轻人追求时髦，说恋爱要有 “来电” 的感觉，什么是来电？人又不是电器怎么来电呢？你说“我看他很顺眼”，看他很顺眼又怎么样？这些想法都不对。世界上只有男人和女人两种性别，而男性和女性又非结合不可，除非心里面认定互相结合才有幸福，否则就不能算做恋爱，不能随随便便交往。

爱情小说要劝女儿少看为妙，因为往往那些写爱情小说的人，其本身的爱情都很不美满。如果要听电视上的婚姻讲座，也要先去打听打听主讲人的家庭状况怎么样。通常的情况是，在那里讲的头头是道的人，自己的家庭却是破裂的。言教不如身教，自己都做不到，还去讲什么呢？现在偏偏就是很多人站在那里讲得天花乱坠，其实自己都是经不起考验的。所以，作为母亲，一定要有鉴别和选择的能力，不要女儿误入歧途了还不知道。

另外，对于妈妈来说，我希望你要跟女儿从小就灌输这样的观念，就是“无爱受孕”。没有爱情照样会怀孕，这才是糟糕的。男人看到女人很喜欢，女人看到男人也很喜欢，然后两个人就发生性关系，男方事后什么都忘记了，倒霉的只能是女方，因为一不小心就会受孕。男人很简单，有爱情就在一起，没有爱情就走掉了，因为他没有什么顾虑和后遗症。女人就不一样了，很容易就会怀孕。有人说想办法不怀孕，那就更糟糕了，可能到最后没有人要跟你结婚了。还有人说有小孩没关系，可以去堕胎。要知道，堕胎对女性的伤害更大，有时候甚至连命都搭上了。这些事情在女儿还不懂的时候，都是需要妈妈十分关注的。

一个人对于婚姻跟爱情，一定要有一个正确的观念。妈妈要告诉女儿，最好是为了结婚而恋爱，不是把它们分开。我相信从小跟女儿这样谈谈，她就会知道不能随便跟人家谈恋爱，要慎选对象。以后她恋爱的目标就是要结婚，对方也了解这样的诚意，自然也不敢把她当儿戏，这样才会得到真正的幸福。母亲只有从小帮助女儿树立合理的恋爱婚姻观，正确认识真善美，教给她明辨是非的能力，以后她才有可能成长为一个有价值的女人、妻子和母亲。

第五，丑人多福并非偶然，慎教女儿做女强人。

中国人有一句话，叫做女儿不嫌妈妈丑，儿子不怪爸爸没有出息。还有一句话更妙：福禄常在丑人边。福禄是中国人最想要的东西，一个有福气，一个有钱，谁都喜欢嘛。但是，它是生长在丑人的身边，而不是生长在美的人身边。长得漂亮的人一辈子很辛苦，没有福也没有禄。很多人不了解这个，老想着自己长得很美，但是没有一个像样的。俊男美女这四个字滥用的结果就是没有一个是长得好看的。

想想看，如果小女孩长得越漂亮，她的人生就越苦。因为小女孩长得不漂亮的话没有人去引诱她，她自己也很有自知之明，然后就好好读书。若是长得漂亮，不是被抓去跳舞，就是被抓去唱歌，最后就没办法读书了。所以，福禄常在丑人边。那些达官贵人，有钱人的太太，一个比一个丑，就是这样自然的道理。我就见过一个小女孩，她妈妈一直想把她送给别人，但是怎么送都送不出去，就是因为她长得很丑。我们看丑人才有幸运跟妈妈在一起，如果长得漂亮老早送出去了。很多事情是有因果法则的，只是我们没有搞清楚就在那里乱传，这是不对的。

女大十八变，最好小时候很丑，长大越来越漂亮，这是好的。从小就很漂亮那就完了，长大就会越来越苦。所以妈妈不要因为你的女儿不漂亮，就不好好教她，让她自暴自弃；也不要因为你的女儿长得好看就沾沾自喜，认为她将来会有好的命运。没有什么事情是绝对的，你要做的就是好好教她，让她知礼自爱，成为一个可爱的小女孩，人见人爱。

长期以来我们总觉得有些事情是关乎男人的而不是女人的，所以我们天生就不太赞同女性介入某些事情，这是“先入为主”的观念在作怪。在十几年前，我就预言过，21世纪是女性的世纪，现在慢慢在兑现。学校里，女生的成绩越来越好；公司里，女性的主管越来越多；世界上，女性的领袖也越来越多。但是我要请问各位，当女性越来越抬头的时候，是不是女性越来越幸福？答案是：不。

大致上分一下，男人有两种，一种叫大男人，一种叫小男人；女人也有两种，一种叫做大女人，一种叫做小女人。但是一般而言，大男人绝对不会喜欢大女人，反而会更喜欢小女人。

我在台湾看到很多非常成功的女性企业家，她们长得很漂亮，打扮得也很时髦，但是感情和婚姻往往却不幸福。问题出在哪里？就是周围所有的人都把她当男人看，没有人把她当女人看，那就完了。她找不到大男人，最后不是跟自己的助理同居，就是跟自己的司机同居，很难有别的办法。

在欧洲、在美国，一个女性的医生会很大方自然地跟你介绍“我先生是司机”。一个西方金领女性嫁给司机，她不会觉得这有什么不对，也不会觉得丢脸。我没有说司机地位不高，我也没有什么职业贵贱的偏见。我只是问你，如果你嫁给司机，会不会很大方地、一点不在乎地向你的亲朋好友去介绍。东方人几乎是做不到的，问题就在这里。

所以为什么女强人这个名词，喊了不到两年就不见了。因为女强人没有一个是幸福的，没有一个有美满的家庭，没有一个有理想的归宿，这就是乾坤之道混乱的结果。一个男人可以对他的太太很客气，但是绝对不能忍受太太对他有太多的摆布。“你要这样，你要那样”——他干脆出走了，受这个气干吗？这是阴阳变化的道理，非常容易了解。所以男人就应该有男人的气概，女人就应该有女人的温柔，一个是阳刚、一个是阴柔，这是妈妈在教育女儿时应该格外注意的。

第六，教女儿学会用矜持保护自己。

我们说，女性不应该骄傲，但要懂得矜持。什么是矜持？就是女性要有我女性的尊严，虽然我的体能不如男性，但是你少欺负我。如果男的随便打你一下，摸你一把，你都不在乎，那就完了。举个例子来说，我看到现在很多年轻的男女，男孩子整个就趴在女孩子身上，然后去拍她的头，而女孩子还不知道躲开，这不是很奇怪吗？男孩子如果对你不礼貌，你就不应该再理他，这样才对。

女性应该有她特殊的警觉性，一看情况不对就要赶快离开，就要寻求保护，就要想办法求救。有一次我听到一番对话，简直完全不能接受。几个男孩跟一个女孩在一起，那些男孩就告诉那个女孩说：“别人端茶给你喝，你不能乱喝。”女孩说：“我不渴当然不喝，口渴就喝呀，能怎么样？”男孩说：“这样不行，万一在里面给你下了药，让你昏迷，然后强奸你呢？”那个女孩子回答说：“那又怎么样？”“那又怎么样”就是完全不把自己当人看，就是自暴自弃，更不要谈什么尊严了。这种人受到欺负没有人会同情，也不必同情。

一个人的行为要随着时代不断地调整，这才叫做现代人。以前别人拿一颗糖给你吃，你放心就吃了。可是现在，谁也不敢了。同样，你也不可以糊里糊涂地端一杯茶给别人喝，更不可以当面叫人家喝下去，谁知道你在里面放了什么东西？

你要请人家吃糖，该怎么做？一定要拿一包没有开封的糖出来，然后当众撕开，先剥一颗给自己吃，五分钟后再分给别人吃，别人就敢吃了。因为第一它是原封的，里面的糖都是一样的。第二你自己吃下去，五分钟没有事，别人当然可以吃了。一瓶水打开喝过以后，应该始终拿在自己手上，千万不要乱放，否则可能给人可乘之机。我们会不会觉得这样太过谨慎？但是道理一定是对的。我们要根据社会现实的状况，来调整自己的行为。一个人要懂得保护自己，而不是寄希望于天天都好运，因为人不可能天天都好运的。

我们一定要记住，环境是在改变的，人心是不可测的——“知人知面不知心”、“人心隔肚皮”，我们永远不知道别人会动什么歪脑筋。所以我们不可以骄傲，要谦虚温和，要体谅别人，一骄傲就会孤芳自赏，交不到朋友；同时我们也不能随便，要让你的女儿有足够的警觉性，知道保护自己，不能随便，一随便就会自暴自弃，没人会同情的。

所以母亲在教女儿的时候，要把女儿教得比较会害羞、比较懂得矜持才好。矜持是高度的艺术。小女孩若是会害羞，将来的运气和命运就会比较好；小女孩若是不懂得害羞，将来是很凄惨的。同时，要从小教育女儿，衣服应该穿得整齐、大方、体面，不能随便露这里露那里，人穷到没有办法才会衣不蔽体。故意这里开一下，那里开一下，是

【坤道感悟】

母亲在教女儿的时候，要把女儿教得比较会害羞、比较懂得矜持才好。

女孩子自己贬低自己的身价。现在很多女孩子很奇怪，一方面要争取权利，一方面处处表示不如男的，这是干什么呢？

有人问，像接吻、拥抱啊，到底要怎么做？四个字：合理就好。不必学习外国人，见面就要抱在一起，抱得很热烈，好像马上要生死离别一样。中国人最知道老天爷会让我们再见面的，所以用不着那样子，合理就好。中国人也有拥抱，可是中国人比较聪明，知道怎么抱到合理的地步。孟子讲得最清楚，你的嫂嫂掉到水里面去，你要不要去拉她？当然要拉，不能说"男女授受不亲就不拉她"，那是假道学。可是拉上来，你就要放手了，如果一直拉着，哥哥就觉得很奇怪了，这个合理的"度"很重要。这是我们中华文化很了不起的地方，很多人还没搞清楚，就说中国人这样那样不好，这是不对的。

中国人最了解人的心理，女孩统统让男性看到以后，男性对女孩就不稀奇了，将来有一天男生看到女孩子脱得光光的都无动于衷，那就完了。中国人主张就是要有一点神秘感，让你看不清楚，你才有兴趣，这才是好的。如果有一天异性之间完全没有吸引力，完全没有神秘感，请问人类要走向哪里去？中华文化在很多地方都是值得大家好好去爱惜，好好去发扬光大的。

对女儿的教育，母亲有得天独厚的条件。但是夫妻之间也是要分工的，不能把整个责任都推给妈妈。做爸爸的，晚上回到家的那一段时间，比如说一个小时，就应该主动照顾小孩，让妈妈去厨房忙。爸爸总该分担一点，不能统统不管。因为现在跟以前不一样，以前的生活比较简单，而现在的生活越来越复杂；以前的人没有这么忙，现在的人不仅这么忙，而且越来越忙。所以我们应该做一些调试，而不是盲目地把所有事情都推给另外一半，这种方式应该是比较可行的。

结语 重振坤道

家庭是社会和国家的基础，一个一个的家庭合在一起才构成整个社会，才构成我们的国家。当然，也可以讲先有国后有家，那是站在整体来看的。可是从一个人能力所及的范围来说，只有先把自己的家庭搞好，才有办法为国家做出贡献。否则嘴巴讲得很好听，家里搞得一塌糊涂，制造各种社会问题，国家的基础越来越脆弱，还谈什么国与不国？

我们把人与人之间的关系归纳为五伦，分别为君臣、父子、夫妇、兄弟、朋友。依据《易经》“居中而吉”的道理，夫妇排在五伦的中央，最为重要。实际上没有夫妇，哪里有父子？没有父子，又有什么君臣？兄弟、朋友就更不必谈了。人与人之间由夫妇关系开始，由内而外、由亲及疏、由近及远，先照顾自己的家人，然后惠及周围的邻居，再去关心所在的社区，一伦一伦像水波一样推广开去。“推”这个字在中国社会非常重要。人一定会自私，但是要学会推己及人，按照对自己的想法去对待他人，慢慢把自私的想法推开就变无私了。

夫妇关系是包括家庭在内的各种社会关系的基础，而且从长远来看，唯有夫妇关系正常，社会才能稳固。因为西方社会宗教盛行，依靠“神本位”的宗教约束社会道德。而我们则以人为本，通过家庭一代一代地传承做人做事的道理。夫妇关系是亲子关系的基础，只有摆正夫妇关系，才能塑造良好的亲子关系，才能教育出道德良好、品行端正的子女。夫妇一旦不能和睦，子女教育也会受到无妄之灾，良好的风气就无法得以延续，必然有损于整个社会的精神与道德。社会是不是混淆杂乱，会不会凌乱无序，看夫妇关系最为清楚。

中国人浓厚的家庭观念来源于《易经》，组成《易经》六十四卦的八个基本卦：天是父，地是母，其他的六个卦，雷、水、山是三个儿子，风、火、泽是三个女儿，共同构成一个美满的八口之家。一旦乾坤不能定位，雷、风、水、火、山、泽也会随之混乱。现在很多社会的乱象和人伦的悲剧，追根溯源就在于夫妇关系出现了问题。用《易经》的话来讲，就是乾坤错乱。我们想要过上快乐愉悦的个人生活，收获美满幸福的婚姻爱情，拥有充满亲情的子女关系，构建健康向上的和谐社会，首先就要从重振乾坤、端正夫妻关系入手。

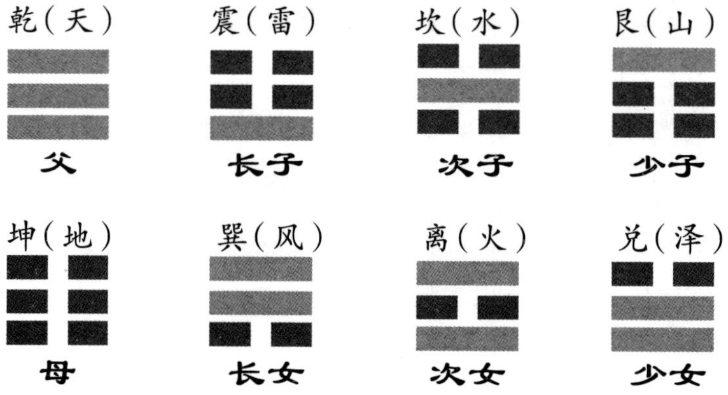

合理把握家庭事业

人生有两件大事，一个是成家，一个是立业。既然成家、立业是两件事情，为什么又把四个字连在一起来讲？这是提醒我们，结婚以后就要负起养家的责任。一个人没有成家，事业有也罢无也罢，还可以多赚多花、少赚少花。可是一旦成家以后，就不能再一人吃饱全家不饿，必须自食其力使家人的生活获得保障。俗语说“好男不吃分家饭，好女不穿嫁时衣”，正是这个道理。

我们这样说是不是主张先立业后成家呢？现在很多人都觉得事业比家庭重要，一心一意想先创业，至于成家则是能拖就拖。还有人认为，先拥有事业可以具备更好的择偶条件，可一旦事业有成再去组建家庭时，却发现根本不是那么回事儿——总是疑虑对方的目的不纯，会不会是贪图自己的金钱而来。这能怪别人吗？是自己放弃了原本可以纯洁恋爱择偶的时机。

一个人过分地追求事业，就没有办法顾虑到家庭。一旦家庭发生问题，事业迟早会被拖垮，不可能持久。其实成功的事业，更需要稳固的婚姻、美满的家庭作为支撑，否则再怎么发展也是短暂的。事业搞起来了，钱也赚足了，往往是到第二代就开始不稳固，到第三代就整个垮掉了。辛辛苦苦的努力是为了什么？成功如果不能保持、不能持续，等于没有成功。家庭亲情的力量是无限的，而且可以延伸得很远很远。花点心思研究一下怎样稳固家庭，怎么使家庭美满，不仅把事业做大，而且把家庭的理念传承下去，一代更比一代好，人生才有价值。

现代职业女性越来越多，理由不外乎丈夫的收入不够，还需有赖于自己的收入。或者对某种工作有兴趣，而且这种兴趣超越了处理家务、教养子女。更糟糕的是，受到所谓男女平等的影响，认为不应该在职业上受到不同的待遇。拥有任何职业，好像都比管家育儿来得高尚且有面子。这种想法忽略了男女有别的事实，也是女性不重视自身天职的表现。

除了父母自己，没有人会把你的子女当宝贝。有的保姆为了照看方便，竟然给小孩吃安眠药，遇到这种事情你能有什么办法？今天有一种小孩被叫做“钥匙儿童”，脖子上每天挂把钥匙，放学以后自己开门回家。万一发生不幸，父母必将抱憾终生。每个子女都是唯一的，永远没有办法替代。就算再生一个，那也是另外一个，绝对不是以前的那个。

陪同子女长大，是人生的巨大乐趣。子女只有在孩童时候，才对父母最为依赖。逐渐长大以后，因为求学、工作、婚恋等诸多原因，再想拉回自己身边恐怕十分困难。而且从小缺少共同的交集，长大以后很难有浓厚的亲情观念。

我们并不反对女性享有同等的工作权，具有同等的职业自由。但是我们认为，至少从怀孕开始，最好能够暂时从职场上退下来，专心把生育的事情处理好。等到子女长大，再逐渐恢复自己的职业。这对家庭、对子女、对自己都有很大的好处。教养子女是母亲最伟大的天职，母教作用也远远超过父亲。教养出良好的子女，不但子女会幸福快乐，母亲自己也必然幸福快乐。如果一定从事职场工作，最起码晚上下班之后，一定要把孩子从公婆家或学校中接回，记住四个字——共同度过，这对孩子的一生非常重要。

现在很多人满脑子都是 “一切向钱看”，这种想法后患无穷。多少的婚姻被钱破坏，多少原本美满的家庭因此而不堪回首。千万记住，我们的能力是有限的，我们的两只手所能抓住的东西并不多。人一旦贪得无厌，往往一无所得，抓得太多可能连整个人都会沉沦下去。女人对整个家庭、对新的一代、对自己的健康有充分的顾虑，做很慎重的选择，才是理性的安排。

《大学》之道，指出“格物、致知、诚意、正心、修身、齐家、治国、平天下”，是一以贯之的人生大道。[1]《大学》里面齐家的“家”，并不是现代意义的小家庭，而是庞大的家族，至少三代以上，有的甚至五代同堂。小家庭治理得好，不见得就能够治国。大家族治理得当，当然可以治国。但是从小家庭的治理中，要去体会人生“修齐治平”的道理，每个人在成家立业的过程中都不要忘记这个根本。

值得注意的是，《大学》所指出的人生条目当中，有“齐家”却并没有“立业”，可见立业只是人生的过程和谋生的手段，而并非生活的目的。立业与齐家相比，齐家才是目的，换句话说家庭比事业更重要一些。谈到爱情与婚姻的时候，一定要落实到家庭。讲到家庭的时候，也一定要想事业和家庭需要兼顾并重。我们通过立业使家庭更稳固、家人很幸福，然后才能由小到大向外延展，逐步完成自己人生的神圣责任。

【1】《大学》原为《礼记》中的一篇，经南宋朱熹汇集编订，与《论语》、《孟子》、《中庸》并列，合称为“四书”。曾仕强先生认为：《大学》提出三纲领、八条目，既简单又容易明了，合乎“易简”的原则。指出“上自天子，下至平民，一切要以修身为根本”的主张，奠定了“修己安人”的管理基础，走出“以人为本”的人性化管理大道。更多内容可以参考阅读2012年曾仕强先生的著作《大学之道》一书。

凡事看开不要看破

关于人生的目的到底是什么，如果去看书的话，会发现有各式各样的答案，比如为了求幸福，为了求快乐……不晓得你认为哪一种才是你能够接受的。

中国人讲得最彻底也最简单，我们不立志做大官，不立志赚大钱，不立志有什么远大的目标，一生一世只追求四个字：求得好死。这是我们跟外国人不一样的地方，外国人没有一个人说求得好死。什么叫做得好死？就是死得心安理得。很多人解释说，求得好死就是不生病而死，那是不可能的。人吃五谷杂粮，怎么可能不会得病？死在战场上是得好死，因为军人的好死就是死在战场上；文人读书读到脑充血，写文章写得气死了，也是得好死。死在医院里，反而是不得好死。死得其所，死得很体面，死得没有挂虑，死得问心无愧，死得心安理得，每个人都可以做得到，但是我们不强求。

也许你会觉得奇怪，中国人为什么会把“求得好死”作为一生的目标。想想看，我们骂人骂得最难听的就是：这个家伙不得好死。一个人只要不得好死，这辈子就完了。那什么叫做不得好死呢？自杀就是一种不得好死。你被车子压到没有话讲，是人家压你的。如果你自己跳楼、上吊、拿刀子杀自己，那一定是不得好死的。

我之所以讲这个，就是因为有很多人恋爱一失败、婚姻一破裂，就想不开，觉得好像天昏地暗、精神恍惚，搞到最后就自杀了。我想要提醒各位，恋爱婚姻只是人生的一部分，有时候恋爱不成，反而逼着你在别的方面更有成就；婚姻破裂，反而使得你在另外一个地方找到更好的表现。我们不是说希望用恋爱失败、婚姻破裂来交换，或者获得什么东西，但是真正碰到了，后悔伤心是没有用的。当然一般人都会像得癌症一样，第一个想到为什么发生在自己身上，觉得自己很倒霉，老天不长眼用这个来惩罚自己，然后就开始埋怨后悔，看见人就诉苦，老想哭……这些想法和行为都是可以理解的，算是一种发泄。但是生命是可贵的，不能随便去自杀。

我觉得自杀的人是世间最自私的，因为越跟你亲近的人就越会觉得痛心。按照中国人的习俗，一个自杀的人是没有任何人会谅解他的。你什么事都可以做，就是不能自杀，人只会求永生，不会去自寻死路。当然恋爱最好不失败，但是失败了也就认了；婚姻最好不要破裂，但是破裂了，就要面对现实。绝对不能走绝路，不能要让亲者痛，不能让自己变成不得好死，这都是很划不来的。

我希望各位抱着平常心，其实做人就是要当一天和尚撞一天钟，这话听起来好像很消极，实际上是很积极的。做一天人，过一天生活，本来就是这样的。就算你再伟大、再神气、再有办法、再有钱，你要不要自己去小便？这样你就知道了，生活才是根本。你可以请秘书替你打字，可以请秘书替你发电子邮件，可以请秘书做一切一切事情，但是肚子饿了，必须自己吃东西；小便急了，必须自己去洗手间，别人帮不上忙的。

我们有一个建议就是：对人对事一定要看开，但是千万不要看破。看开跟看破差很远，一旦看破就心灰意懒，什么都不想做了。因为再好的人最后都是死，都会分离，两个人不可能永远在一起。

感情失意合理面对

现在很多人很糟糕，经常会有“先入为主”的观念，而且把“先入为主”所造成的伤害，又说成是别人的。我们基本上是误解了什么叫做先入为主。“先入为主”的意思是说我们要很谨慎地有一个很好的开始，不要让坏的因素一下子就掺进来。换句话说，任何事情一开始做对，就会越来越好；一开始有一点点差错，就会越来越糟糕。所以我们要一开始很谨慎，一开始很理性，一开始多跟人家商量商量，不要很冲动才好。会冲动是所有动物都会的事情，但是人类会用理性疏导自己，用理性把自己引导到一条合理的途径上面来，这是人跟动物不一样的地方。控制是没有用的，控制了一时，控制不了长远，而且控制还会让人觉得很痛苦。

我们要记住，万事开头难。回想一下你当初恋爱的时候，刚开始也不晓得跟那个人怎么谈起，你看到他就害羞，看到他就想躲，明明准备了很多话，就是讲不出来，这就是事实嘛！后来越来越熟，越来越顺，好像什么事情都可以讲。这就告诉我们，开始就要谨慎，路自然越走越宽；开始不谨慎，就会造成很多的障碍，最后明明是个很好的道路也被自己破坏掉了。所以不管是爱情、婚姻，还是家庭，一开始都要十分小心、十分谨慎。

在遇到一些不愉快的事情的时候，我们最好学会做一下心理调试。比如跟别人比一比，人都是比上不足比下有余的。人家得癌症照样要活，你最起码身体还健康。不要老跟比你强的人比，那是虐待自己，跟不如你的人比一比，自然心安理得了。很多事情都是一念之差的，绝望还是不绝望都是自己决定的。你认为完了，没什么指望了，只有死路一条，最后你就会走上这条路；你认为虽然不好，但是碰上了就认了，然后想办法活下去，就真的可以走出一条路来。

有一次，我跟一个盲人坐在一起，我就很好奇地说："先生，我问你一个问题，会不会很冒昧？"他说："不会啊。"我说："你眼睛看不见，是不是很不方便呢？"他说："怎么会呢？你们有眼睛的人充其量只有两只眼睛，我的眼睛虽然看不见，但是我告诉你，我的全身都是眼睛。"你看，人家多豁达，多想得开。后来我发现他哪里都可以去，很多事情都可以做，还会写诗。所以不见得残障就没有前途，不见得人生当中遇到什么挫折、灾难、祸患就绝望。

我们希望大家当恋爱失败、家庭破裂的时候，一定要勇敢地站起来，清醒地替自己找一个出路。很多人不谈恋爱、不结婚，照样可以过得很快乐。和尚不结婚，他也不觉得怎么样，当然我没有鼓励大家去当和尚的意思。最起码我们对爱情跟婚姻要有正确的认识，人生还有很多事情值得去做，恋爱婚姻失败，你可以转移目标，当然这也不是让你从此放弃恋爱不再结婚，而是要你暂时地搁置一下，把时间和精力投入在那些喜欢的事情上面，比如找知心朋友聊聊天。一句话，你不谈这件事情照样可以过日子嘛。想想看，在你没有恋爱没有家庭之前，日子是怎么过的？那些日子真的都不愉快吗？

当然你也不能幸灾乐祸说人家没有享受过失恋、离婚的过程，你享受到了很满足，这种话有点过分。既然碰上了，就把它当做一种教训，当做人生一个很独特的过程。最起码你有这个经验，将来可以教给自己的小孩，你还年轻，下次调整过来就好了。不见得一摔跤就永远爬不起来。最了不起的人是爬起来以后，还要随便抓一把泥土，记住这个教训。现在很多人的人生倾向很窄，这是不好的。大家平常要有很深刻的认知，时时提醒自己人生要做的事情很多很多，只是现在忙，没有办法兼顾那么多，只要有时间有精力，很多事情可以来做，这样就好了。

对于离婚，除了看开想开之外，还不要当做儿戏。什么叫做“当做儿戏”？就是觉得离婚没有面子。朋友看到自己好像都怪怪的，家人看到自己也好像都在笑。因此，有些人离婚后马上再找一个人，表示你可以抛弃我，我照样有人要。其实就算你自认为找到了面子，内心还是很空虚的，你怎么知道这个人就比那个人好？而且离婚会形成一种习惯，离一次婚觉得很没有面子，离第二次婚就觉得蛮习惯的，然后离第三次婚就跟吃一顿饭一样随便。这样的人生还有什么价值？这就是把婚姻当儿戏。恋爱失败怎么样去面对去解决，婚姻破裂怎么样合理去挽救？若是挽救不了，怎么样合理地解决后面的问题？这才是应该好好考虑的事情。

我们给大家的建议就是要走出一条中道，什么叫中道？中道就是不要走偏道。世界上的道路是很宽的，有中道就一定有偏道。偏道就是极端，就是偏激，就是不能中庸，就是不够合理，所以中道也可以解释为合理的道路，也就是正道。正道越走越宽，人一定要越走越宽广，才会自在。一个人要求得好死，只有一个办法，就是时时刻刻走上正道，时时刻刻求得事情有一个合理的解决。

中国人常常讲 “好汉不提当年勇”，说的是人要紧的是活在现在，而不是从前。坦白讲，未来也是空的，所以面对现在，才是最重要的，因为只有现在才是我们可以把握的。求人不如求己，要从现在开始，把自己以前不对的地方调整过来，做一个正常的人、日新的人。不要整天怨天尤人，到处告诉别人你离婚了自由了，让别人看到你就觉得怪怪的，最后把人都吓跑了。所以要通过自己的调整，让人家感觉你这个人好像变成了另外一个人，而且越变越好。这样你的人生就相当于过了人家好几辈子的人生，其实也是一种享受。

当你恢复正常的生活，姻缘到的时候，自然就会有另外一番作为。我希望各位也不要抱有很强烈的希望，不拒绝所有的机会。该来的自然会来，不该来的也不要强求。因为强求，就算最后求到了，后果也不理想。不能说这一切都是命定的，但是最起码有一个因果律。想想有的人离婚后，一辈子就是过独身的生活，照样过得很好；有的人离婚后不久，她又找到一个很好的婚姻对象，这第二次的婚姻比以前胜过好几倍，这不是很好吗？就看你能不能把以前失败的那段当做一个教训，来调整你自己。如果不能的话，历史是会重演的，甚至一次比一次恶劣。

要记住，人生要做的事情很多很多，任何时候都不要把人生看得太窄小。你有事业有理想，还需要去帮助别人，这些都是值得做的，不能因为一点点的失败就把其他的事情全部一笔勾销，否则对自己来说是很大的损失。

理性看待过程结果

我们现在过分接受西方的观念，凡事都是结果论：结果好就好，结果不好就不好，这不是好现象。人可以把握的是努力，但是结果却不由自己，而是老天在做决定。人要努力，但是不必太计较成败，所以中国人会说 “尽人事而听天命”。记住，自己不努力，没有资格听天命。这一点，胡雪岩[1]就很值得我们学习。胡雪岩从富可敌国到一败涂地，最后连苦心经营的“胡庆余堂”也拱手于人，可以说是一无所有，但他心安理得。只要尽心尽力，问心无愧，失败又怎么样？

人生重要的是过程，不是结果，过程远比结果要重要。人活着就要享受生活，就要不断地充实自己。至于结果怎么样无所谓，因为到最后谁都一样，就是一副棺材而已。我常常讲一句话，人生最有趣的，就是我们知道自己迟早要死，但是没有人知道什么时候死、怎么死。如果什么都知道了，那还有什么乐趣？人生是来享受每一分每一秒的过程，这才是人生的乐趣，而不是等待死亡的结果。

没有人有绝对的把握一定能成功，世界上根本没有“一定”这两个字，谁也不能保证明天会怎么样。好好吃饭，好好过日子，就一定可以长寿吗？今天去体检完全没有问题，明天一定还活着吗？其实人生所有的苦恼和不愉快，都来自这两个非常不可靠的字：一定。我对你那么好，你一定要对我好。结果他对你不好，你就很生气。有什么好生气的？很多的事情根本就是不一定的，怎么能把它看成是一定的呢？

未来充满了不一定，这个观念我们要接受，也没有理由不接

【1】胡雪岩是清末有名的红顶商人，他白手起家，只用了二十年的时间，发迹成为大清首富，事业涉及钱庄、当铺、茶丝等众多行业，被清廷赐红顶戴、赏黄马褂，得到了一个商人能够获得的最高荣誉。为积善德，胡雪岩奉母命建了一座药铺——“胡庆余堂”，秉持“真不二价”、“戒欺”等经营信条，舍药施粥，广为百姓所称颂。但是商海浮沉，胡雪岩在其人生最后的短短三年，事业大厦轰然倒坍。关于胡雪岩一生的成败得失，曾仕强教授著有《曾仕强评胡雪岩》一书，了解详情可登陆www.liangxin.net.cn。

受。因为不接受就是跟自己过不去，不相信未来是不一定的，就是欺骗自己。只要知道未来的一切本来就是不一定的，唯有不一定才是一定的，很多烦恼就能轻松解决。

人最后都是一场空，这是事实。但是活着的时候，只要有一口气在，我们就要去运这口气。人生就是在运这口气，所以叫“运气”。运得很好就是运气好，运得不好就是运气不好，就这么简单。那我问你，“气”是谁在运？当然是你自己。既然是自己，为什么还不好好运呢？所以还是那四个字，一切都是自作自受。

不管怎么样，每一个人对过去的一切都不需要后悔，因为后悔是没有用的。我们应该把过去当做经验，好好反省，有哪些优点，今后要发扬；有哪些缺失，今后要调整。作为一个人我们要的是掌握未来，从今天开始有一个新的出发点，发奋去做，未来才对得起自己。

人最大的毛病，就是喜欢把责任推给别人，把过失推给别人。其实，我们在检讨别人之前，应该先检讨自己，这样你会快乐很多，长进很快。儒家最好的教训就是四个字：反求诸己。当有任何事情发生的时候，先问问自己到底做了哪些不合适的事情。不要只关注对错，因为对错是很难讲的。自己总有一些地方做得不够好吧，总有一些地方做得不合适吧？知道了这些，就要去调整自己。

人与人之间的关系不可能是静止的，不是越来越好就是越来越坏，不是越来越熟悉就是越来越陌生，不是越来越接近就是越来越疏远，不可能维持现状。没有什么事情是不变的，没有一家公司，没有一个家庭，没有一个人可以维持现状。当你调整自己的时候，对方也会跟着调整，然后彼此之间谋求一个配合，这样就好了。

记住，从自己做起，这点很重要。我们都是先要求别人做好，却不知道我们充其量只能管到自己，根本管不了别人。想要别人做好，必须从自我要求、自我调整做起。否则就会产生很多问题，很多苦恼。遇到这种情况，我们要心平气静地好好想一想。

你问任何一个中国人“要不要排队”，他都会说“要，当然要排队”。你再问他“为什么要排队”，他一定说“因为排队才有秩序，才不会乱，这是大家都懂的道理”。接下来问他 “你排不排队”，他会先说“排，一定排”，最后加一句“只要大家排，我一定排”，然后就不排了。中国人最大的问题就在这里：每一个人都怕吃亏，每一个人都喜欢占小便宜，每一个人都希望对方先做到。有这种想法的人，永远不会成功，家庭永远不会幸福。如果我们每个人不管别人排不排队，自己先排起，那自然每个人都排队了。

人生最要紧的是做好自己，而不是去管别人。我们现在就是浪费了太多时间、太多精力去管别人。从现在开始，多花一点时间在自己身上，好好调整自己的生活习惯，好好使自己更加受别人欢迎，好好约束自己的行为，这个叫做自觉。我们经常看到“自觉”这两个字，自觉过文明的生活，自觉做一个现代人，自觉尽自己的责任，这都叫自觉。一个人自觉才会自律，然后才有资格自主。自律就是把自己管好。所以一个女人要得到男人的尊重，首先自己要自觉。自觉也是自我的感觉，要自我感觉到这一辈子身为女人身，你有你的天职、你的优势，但是也有你的弱势，这是很难改变的。

女性首先要搞清楚自己现在的立足点是什么，这个最要紧。

已经有了小孩的，一定要好好照顾他。一句话：既然把人家生下来，就不能对不起人家，就要尽到做母亲的责任；还没有生小孩的，那就更自由了，要开始好好想想，要不要有另外一次婚姻生活，可以要，也可以不要。这个时候还要反省自己是不是适合婚姻生活，是不是看起来就像一个男人，是不是一定要跟你的先生一争长短？好不容易找到一个人，然后天天跟他斗气有什么必要呢？把自己的前前后后都想想，自然就知道以后该走什么样的路了。

作为女性值得骄傲

其实我们中国的女性是很聪明的，什么事情都让丈夫和儿子扬名，自己却甘居幕后。想想看，过去的女性死后都是某某氏，其实“无名氏”是最高明的。中国人如果用自己的名字捐款300万，马上姑妈就打电话过来：“对陌生人你都捐出去300万，为什么不拿50万给我花花？”任何事情动机最要紧，动机纯正，没有人会怀疑。既然动机纯正那还要名干什么？以无名氏捐300万，什么后遗症都没有。一切的烦恼就是因为那个无谓的出名，我们从这个角度去想一想，很多事情就会豁然开朗。

出名的英雄固然好，但是远远不如无名英雄来得伟大。女性的伟大，就在于她心甘情愿充当无名英雄。女性为家庭付出很多，但是却不求被捧得多高、给她多大的地位，最终她还是把功劳给她的先生，这种坚强的意志力是一般男人做不到的。女性一定是比男人有更坚强的意志，否则就成不了无名英雄。

男性有很多职业，像军人、飞行员、船员，都是常年不在家的。就算不是这些特殊职业，往往也因为工作，要四处奔波。

那家里面靠谁呢？只能靠妈妈，上上下下、左左右右都靠她。可是女性应该有她特有的“母性美德”。什么叫做“母性美德”呢？就是要问心无愧，不必在乎别人怎么看。人家说：“哎呀，你怎么嫁给这样的人？”天底下不是说每一个人都要过同样的生活，老天要我们做不一样的人，而不是过同样的日子。你有自己的选择，你了解自己，对你最合适的就勇敢去追求，不必太顾虑别人的想法。

为什么父亲赚的钱应该交给母亲？因为没有母亲负责家庭，父亲有办法去赚钱吗？男人赚多少钱都没有什么好神气的，去做做母亲的工作试试看就知道了。我们中国的男人表面上不怕太太，实际上几乎很少不怕太太。其实也不是怕，而是尊重作为孩子的母亲的奉献，母亲的付出如此巨大，不尊重她良心能安吗？而且天底下最可贵的就是妈妈对子女的教育，如果在家庭里面比较起来，父亲的价值永远不如母亲的贡献。所以身为女性，应该为此骄傲和自豪。

总而言之，女人发挥自己的特性，扮演好家庭主妇、家庭中心、社会灵魂的角色，完成这一辈子要做的任务，就好了。

良心文化

凭良心 · 致良知 · 展良能 · 施良行

中国好家风推荐书目

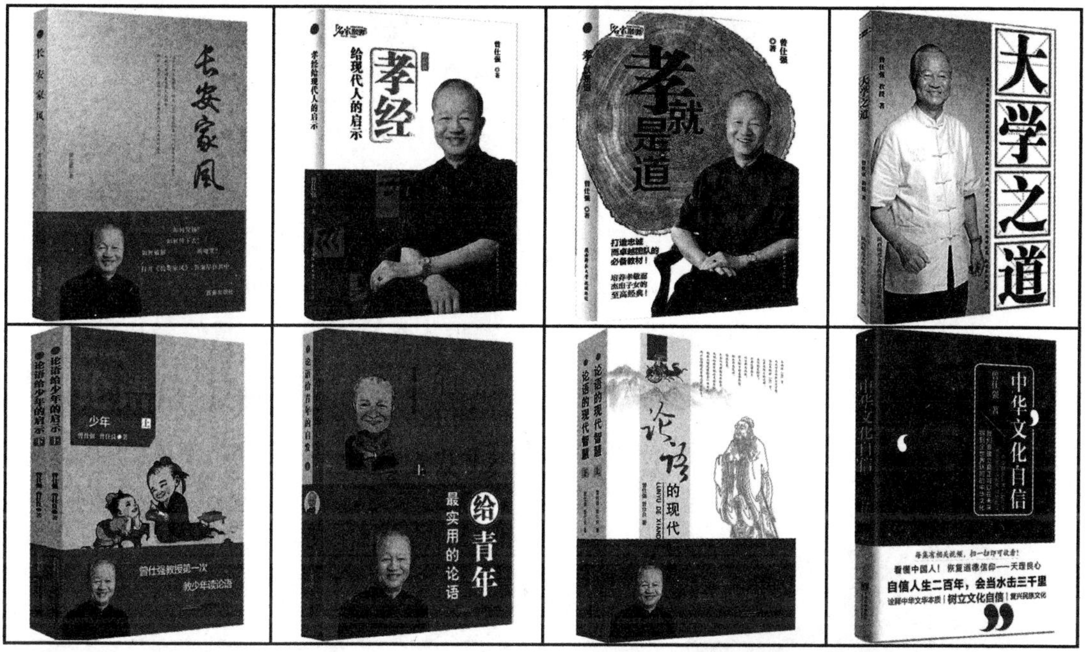

好的家风究竟是什么？

如何重振家风，传承家风？

家族财富如何传下去？

曾仕强教授将带领您走进传统文化的世界，

感悟中国好家风！

植文化根 播良心种 立良心志 兴良心业